GRUNDLEGUNG
ZUR METAPHYSIK DER SITTEN

道德形而上学原理

［德］康德◎著

苗力田◎译

Immanuel Kant

上海人民出版社

图书在版编目(CIP)数据

道德形而上学原理/(德)康德著;苗力田译.——
上海:上海人民出版社,2023
ISBN 978-7-208-18093-2

Ⅰ.①道… Ⅱ.①康… ②苗… Ⅲ.①伦理学-德国
-近代 Ⅳ.①B82-095.16 ②B516.31

中国版本图书馆 CIP 数据核字(2022)第 244234 号

责任编辑 于力平
封面设计 零创意文化

道德形而上学原理

[德]康德 著

苗力田 译

出　　版　上海人民出版社
　　　　　　(201101　上海市闵行区号景路 159 弄 C 座)
发　　行　上海人民出版社发行中心
印　　刷　江阴市机关印刷服务有限公司
开　　本　787×1092　1/32
印　　张　8
插　　页　5
字　　数　111,000
版　　次　2023 年 2 月第 1 版
印　　次　2023 年 2 月第 1 次印刷
ISBN 978-7-208-18093-2/B・1668
定　　价　58.00 元

目 录

代序　德性就是力量

——从自主到自律

苗力田

Tugend bedeutet eine moralische Stärke des Willens.

Tugend, d.i. moralische Gesinnung im Kampfe.[①]

18 世纪下半叶，当以感性论为依据的利己主义伦理学正风靡莱茵河西岸的时候，已年逾花甲的"柯尼斯堡哲人"——康德，在先天说的基础上提出了德性论伦理学。他说："人们是为了另外更高的理想而生存，理性所固有的使命就是实现这一理想，而不是幸福。这一理想作为最高条件，当然远在个

---

① "德性就是一种道德力量。"《道德形而上学》，《康德全集》第 6 卷，柏林科学院版（以下同），第 405 页。
　　"德性是战斗的道德意向。"《实践理性批判》，《康德全集》第 5 卷，第 84 页。

人意图之上。"① 这样，他就把道德的纯洁性和严肃性提到了首要的地位。康德反对那种把个人幸福作为最高原则的伦理学说，认为使一个人成为幸福的人，和使一个人成为善良的人，决不是一回事情。幸福原则向道德提供的动机不但不能培养道德，反而败坏了道德，完全摧毁了道德的崇高，亵渎了道德的尊严。它把为善的动机和作恶的动机等量齐观，完全抹杀了两者在质上的根本区别。人之所以拥有尊严和崇高并不是因为他获得了所追求的目的、满足了自己的爱好，而是由于他的德性。"德性是有限的实践理性所能得到的最高的东西。"② 不过，德性这个概念，一直等到在康德 73 岁高龄才完成的《道德形而上学》一书中，才得到较为充分的阐述，在这里他把德性论当作伦理学的同义语。而他在 12 年前，即 1785 年出版的名篇《道德形而上学原理》，就是他的德性论的基本原则与基础理论。③

---

① 《道德形而上学原理》，《康德全集》第 4 卷，第 396 页。

② 《实践理性批判》，《康德全集》第 5 卷，第 33 页。"有限实践理性"是"人"的同义语。

③ 《道德形而上学》(*Die Metaphysik der Sitten*，1797) 分为两大部分：第一部分是法权论 (Rechtslehre)，第二部分是德性论 (Tugendlehre)，这里所论述的是第二部分。

一、德性就是实践理性的自主性

把德性问题的讨论作为伦理学的中心，甚至当作哲学的中心，这本是西欧哲学的传统。在苏格拉底还活着的时候，就在雅典的集市上追问什么是德性了。"德"这词在古代汉语中，指的是事物所具有的某种出众的品质和特长，如将有五德、鸡有五德、玉有五德，等等。这和古希腊语的 arete 大体相当。在《国家篇》第四卷里，柏拉图提出了著名的四德性说，认为在国家里每一个阶层都有自己所独具的品质和特长、都有自己善于做的事情。治理者善于谋划，他的德性是智慧；保卫者善于战斗，他的德性是勇敢；劳动者安分守己，他的德性是节制。在亚里士多德的伦理学里，德性也保持着这个基本涵义，他认为伦理的德性就是"具有选择中间之点的特长"[①]。英语中 Virtue 是从拉丁语 Virtus 派生的。Vir 意为男子，所以 Virtus 就是有力量和丈夫气概。在

---

① 　亚里士多德：《尼各马可伦理学》第 2 卷，第 6 章。

康德制定自己的德性论时，完全意识到西方哲学的这个传统。他指出：在德语中德性（Tugend）来自taugen（有能力）。因此，德性就是力量，就是坚强；缺德（Untugend）和软弱是同义语。①

然而，康德并不接受亚里士多德的"中间"原则。他认为这一原则虽然传颂千古，然而却如风声月影落不到实处。因为，如果德性居于两种恶邪之间，那么区别德性与恶邪就需要有一个标准，并且要有一个判断者来确定两者的区别，而亚里士多德的原则，既不能提供区别的标准，更不是一个判断者。其次，在逻辑上这一命题乃是一个重言式、是个Tautologie。因为如果要问：怎样的行为是太过了？回答：比正确的多些。如果要问：怎样的行为是不及？回答只能是：比正确的少些。最后也是最根本的，这一原则把德性和恶邪只看作是量的差别，是多些和少些的差别。过度和不及的程度千差万别、因势而异，是无法确定的，正如什么程度是节俭，什么程度是吝啬无法确定一样。

---

① 《道德形而上学》，《康德全集》第 6 卷，第 390 页。

康德以先天说为基础的德性论，恰恰相反，它竭忠尽智，力求证明：德性和恶邪之间决非程度之不同，而是质上的差别，是行为准则的特殊，是准则和道德规律在关系上的差异。

康德认为：德性就是意志的一种道德力量。且不去说一个神圣的、超人的东西，因为在他那里没有和理性意志相违反的欲念，所以他可以随心所欲而行不逾矩，无往不与规律相符合，他也就无需这种道德力量了。德性只是在责任的恪守中人的意志的道德力量。由于创制规律的理性自身构成了执行规律的力量，所以责任就是人们自身立法意志所产生的一种道德必要性（moralische Nötigung）。康德特别指出：德性并不是责任，人们也没有责任去具有德性。如果这样，自身就要犯重言的错误，就是主张有责任去具有责任。不过德性却在发号施令，它的诫律中伴随着道德强制（Sittlicher Zwang）。由于这强制是不可抗拒的，所以须有一种坚强的力量。这种力量的坚强程度，要由它克服人们爱好所产生的阻碍的能力的大小来评价。恶邪（Laster）、诸种胡作非为，就是人们与之搏斗的魔鬼。坚强作为一种道德力量，是人们的最大的、真正的光荣战功。它同时也是真正的智慧，也就是实践的智慧，因为它把人们生存的最终目的这一目的因，当作自己的目的。一个人只有获得了德性，他才是自由的、健康的、富足的，是一个王。任何的偶然性和命运都无法剥夺他的德性，一个有德性的人永远不会失去他的德性。从对人的关系来说，固然，有时有人有德性，有时有人无德性，似乎是种可有可无的东西，但就它对规律的关系来说，就本身来说，德性就是自身的目的，当然也就是自身的奖赏。

就德性和人的关系来说，康德又指出：德性作为一个完全完整的东西，不能认为是人占有了德性，而要看作是德性占有了人。因为人不能选择另一种德性，像选择摆在面前的货物那样。如若把德性看作是个多数，这不过是意味着意志的道德对象有所不同，导向这些对象的德性却仍然是一个，相对于诸恶邪来说德性总是一个。

以上我们所转述的康德对德性的颂歌，虽不无一些火药味，如他特别选用了一些军事的字眼儿，什么"搏斗"（bekämpfen）、"光荣战功"（Kriegsehre），但不难看出，作为一个启蒙主义者，他骨子里还是严守着大约在一个半世纪以前在莱茵河彼岸的启蒙主义先驱所遗下的诫条："我始终只求克服自己，不求克服命运，只求改变自己的欲望，不求改变世界秩序。"①

康德所说的自主性（Autokratie）指的是理性的自我主宰，自我制约，克服自己，克服那些由爱好、欲望、一切非理性冲动带来的动机。理性是一种巨大的莫可抗御的力量，它排除一切外来的干扰，清洗全部利己的意图，保持自身所创制的道德规律的纯洁和严肃。在理性的主宰下，人们就可以不顾艰险，鄙弃诽讥，无私无畏地去担当起自己的道德责任。康德把这种不为外物所动的精神状态称为"无情"（Apathie）。希腊语 pathoe 的意思是被感动，以至于害病。在通常，"无情"不是个美名，在道德上，柯尼斯堡哲人却认为，它是"德性的真正力量"。心灵宁静，泰山崩于前而不动，经过深思熟虑以坚定的决心将规律付诸实施。在道德生活里，这

---

① 笛卡尔：《方法谈》（1637），第三部。

是一种健康状况。与之相反，冲动即使是因求善之心而引起的冲动，仍不过是电光石火，转瞬即逝，所留下的是空虚和黑暗。

在另一方面，他和斯宾诺莎一样并不给予"同情"这种德性以很高的伦理地位。斯宾诺莎把同情归之于情感和想象。[①] 康德则把这众口交誉的德性和道德感一样称为"并非必备的道德品质"[②]。这是不难理解的，同情（Sympathie）和无情恰恰相反，这是和别人共同忍受痛苦。痛苦须是感性的东西，忍受又谓无力的表现。这就是为什么，它要为崇尚理性、推崇道德严肃的伦理学说所贬抑了。

尽管康德把德性看作人之所能得到的最高的东西，尽管他把先天理性和感性经验对立起来，但他并不排斥幸福原则。相反，他认为幸福是一个完善的道德所不可缺少的因素。幸福虽然和德性相关联，但它既不是德性的附属品，也不是德性的派生物，如斯多亚派所主张的那样：幸福就是对德性的意识。在康德看来，一个有德性的人，还不是一个道德完

---

① 参看：斯宾诺莎：《伦理学》，第三部分，命题 20—25。
② 康德：《道德形而上学原理》，《康德全集》第 4 卷，第 442 页。

善的人。德性虽然是最高的善，但不是唯一的善，也不是完全的善。一个有德性的人还应该得到幸福，最理想的情况是所得的幸福和他所有的德性在程度上相一致。无功之赏，不劳而获，不应得的幸福是无价值的，得不到报偿的德性本身虽然可贵，而伴随着应得幸福的德性却最为理想。德性是幸福的条件，其本身须是无条件的善。所以，康德的德性论并不否认幸福为完满的道德生活所必需。但他所看重的不是幸福，而是去研究怎样才值得幸福，才配得上去享受幸福，研究幸福的条件是什么，以及这种条件是从哪里来的。

二、责任就是由于尊重规律而产生的行为必要性

在讨论这些问题的时候，康德超出了德性和幸福等传统概念，从而大大地丰富了伦理学的内容。责任概念在康德伦理学里占有中心地位。康德认为责任是一切道德价值的泉源，合乎责任原则的行为虽不必然善良，但违反责任原则的行为却

肯定都是恶邪，在责任面前一切其他动机都黯然失色。对人来说责任具有一种必要性（Nötigung），也可叫作自我强制性（Selbst Zwang）或约束性（Verbindlichkeit），所以在伦理学上，责任和义务两者并没有什么本质不同，都是一个人必须去做的事情。德性的力量也正在于排除来自爱好和欲望的障碍，以便担负起自己的责任，恪尽自己的职守。所以德性的力量，不过是一种准备条件，把责任的"应该"转变成"现实"的力量。"责任的诚律越是崇高，内在尊严越是昭著，主观原则的作用也就越少。尽管我们起劲地反对它，但责任诫律的约束性并不因之减弱，也丝毫影响不了它的效能。"[①] 人，每一个在道德上有价值的人，都要有所承担，没有任何承担、不负任何责任的东西，不是人而是物件。最后，责任原则是在普通人理性的道德知识范围内就可找到的。人们很容易看出在这一领域里，一个普通人的理性是怎样善于区别善良和恶邪，区别什么东西是合乎责任、什么东西违反责任。尽管普通人的理

① 《道德形而上学原理》，《康德全集》第 4 卷，第 425 页。

性还不善于抽象思维，还不能把握那些普遍规律。人们正是通过责任观念，才找到道德规律。

在康德看来，作为有限理智的人，他的生活是一场旷日持久的搏斗。搏斗的双方，一方是从道德规律产生的责任，另一方是来自经验和任意的爱好（Neigung）。和责任（Pflicht）相对立的 Neigung 这一概念来自动词 neigen，具有倾向、偏好等意思，英语通作 inclination，我们在这里译作"爱好"，主要是从作为动词用的"好"字。这爱好是一种习惯性的欲望，这种欲望必以喜爱为先导，这种喜爱或快乐也就是欲望的规定。康德认为：爱好自身只是需要的泉源，虽然它也被期望着，但并不因此而有绝对的价值。一个有理性的东西不是去追求它，而是期望完全摆脱它。他把责任和爱好的冲突称为"自然辩证法"（Naturliche Dialektik）①，在理智战胜了人欲、克服了由爱好而来的冲动并且历经艰难困苦，完成了棘手的责任的时候，人们心身愉悦，胸中充满深沉的宁恬，这就是道德生活中的真正幸福。然而这种

①《道德形而上学原理》，《康德全集》第 4 卷，第 405 页。

胜利并非一劳永逸，人们感到在他自身之中，总有对责任诚律的反抗，这正是爱好。爱好需要的全部满足，统而言之也就是幸福。理性所颁布的诚律是不可违抗的，它从容坚定，决不向爱好让步。在另一方面爱好却也是纠缠不已，紧抱着那些似是而非的要求，不肯罢休。它竭尽全力向责任规律的严肃性和权威性挑战，至少是让人们怀疑这些规律的纯洁和严肃，或者使它们适合于人们的愿望和爱好。这就等于摧毁了责任的基础，损坏了责任的尊严。

由于人的行为动机有着这样的差别，所以同一结果的行为可以来自不同的动机。而且，康德作为伦理上动机论的主要代表，他认为，行为的道德价值要以它的动机来评价，而且只能从它的动机来评价。这就是康德在《道德形而上学原理》第一章中，关于一种行为是出于责任（aus Pflicnt）还是合乎责任（Pflichtmäzig）的讨论的出发点。他认为，人的同一行为可以有不同的以至于完全相反的动机，而实际情形也是如此。一种行为只有是出于责任，以责任为动机，才有道德价值。仅仅是其结果合乎责任、与责任的诚律相符合，而以爱好和其他什么个人目的为动机的行为，则无多大道德价值，甚至完全没有道德价值。例如，街头小店，铺面上挂着"童叟无欺"的金字招牌，而且也确把同样货物，以同样价格售与一切顾主，不论是白发老者还是黄口小儿。这确是合乎"要诚实"的责任诫律的。然而，小店东之所以这样做是出于诚实的责任吗？当然不是。是出于尊老爱幼之情吗？恐怕也不是。他的真正动机只能是维持店铺信誉，以便更多地增殖财富的完全个人利己的动机。所以，在康德看来这样的诚实虽合乎责任诫律，但并没有，或没有多大的道德价值。也正是出于同样理由，同情心被宣布为无道德价值，至少是一种并非必要的道德品质。因为同情虽然合乎责任，但并非出于责任，人也没有任何责任去同情。同情毋宁是出于爱好，出于类似对光荣的那样的爱好。

　　为了使人更准确地把握责任在道德生活中的功能，康德把它归纳为三个"命题"。第一个命题就是如上所述，行为的道德价值不取决于行为是否**合乎**责任，而在于它是否**出于**责任。第二个命题是：一个出于责任的行为，其道德价值不取决于**它所要实现**的意图，而取决于它所被规定的准则。从而，它不依赖于行为对象的现实，而依赖于行为所**遵循的意愿原则**，与任何对象无关。第三个命题是以上两个命题的结论：责任**就是由于尊重规律而产生的行为必要性**。①

　　三个命题归为一点：行为的道德价值不在于它所期待达到的结果，也不在于由所期待结果假借而来的任何原则。忠于责任完全不同于因害怕不利的后果而来的忠实。因为忠于责任对我说来这一行为的概念本身就包含着规律，在另外的情况下，我就要在行为之外去寻找与此相联的，也与我相联的结果。纯粹责任观念，意识着自身的尊严，鄙视那些来自经验的动因，并且逐渐地成为这些经验动因的主宰。与此相反，一种混杂的道德学说、一种把出于情感和爱好的动机与理性概念搅和在一起的学说，就一定要摇摆在两种全无原则可言的动因之间，止于善是偶然的，趋于恶却是经常的。

　　除责任的命题之外，康德还对责任从不同角度作了不同的分类。其中最基本的分类是，首先按照

---

① 《道德形而上学原理》，《康德全集》第 4 卷，第 400 页。

责任的对象和它的约束程度分为两大类，然后又把每一大类分为两类。所以，共有四类责任。

从责任对象区分：

1. 对自己的责任

2. 对他人的责任

从责任的约束程度区分：

3. 完全的责任

4. 不完全的责任

把以上两类四种责任相互搭配，就形成了四种实际的责任的例子。

1. 对自己的完全责任

2. 对他人的完全责任

3. 对自己的不完全责任

4. 对他人的不完全责任

第一，对自己的完全责任的例子，就是每个人对自己的生命所担负的责任。因为通过情感促使生命的提高，这是责任的普遍规律。责任的最高原则就是竭尽全力维护自己的生命，发展和提高自己的生命，使它具有最大的道德价值。如果一个人，由于饱经忧患，洞观恶邪，对生活感到厌倦，认为生命的延长只意味着更多的痛苦，把缩短生命作为自己的原则，那么这就是出于利己的动机，和责任的普遍规律是完全不相容的。

第二，康德总喜欢把信守诺言当作第二类责任，当作对他人的完全责任的例子。言而有信是维系人与人之间关系的一条普遍责任原则。倘若有人，为困难的环境所迫，觉得有必要去举债。但自己又明明知道，在有限期内他并无力归还。尽管如此，他还是作了承诺，应许到期归还借贷。言而有信是一项对他人的完全责任，它的约束性是绝对的。如果这原则被违反，就必定陷于自相矛盾。因为，如作不负责任的承诺成为普遍规律，那么一切承诺和保证就都化为烟云，人们再也不会相信保证，把所有的信誓看作欺人之谈，看成笑柄。

第三，发展个人的才能是种对自己的不完全责任。因为固然人人有责去发展自己的才能。若是都坐享其成，而让自己的才能在那里白白生锈，当然是违反责任原则的。然而这项原则却比较宽泛，它的约束力、强制性并不那样严格。因为没有一个可靠的标准去测定，什么程度的才能发展是足够了，什么样的道德修养是完善了。康德还更进一步指出：也没有任何方法去洞察人的内心，可以确定他的道德意图是否纯洁，他的诺言是否真诚。因为，往往是由于怯懦而避免犯罪，免除错误，有很多美名往往是来自侥幸，而不是由于德性。

第四，对他人的不完全责任的例子就是济困扶危。济困扶危是种有益的举动。做这样事的人应该受到赞扬和奖励，是可嘉的（verdientlich, meritorious），但对人并无绝对的、完全的强制性。倘使一个人处境优裕，由于天性冷淡或其他什么见解，对他人的苦难无动于衷，想让每人去自扫门前雪。像这样的人如果是诚实、正直的，至少不能因对他人不关心而失去其善良的品质。并且这样的人要胜似那些侈谈同情、善意，遇有机会也表现一点热心，但反过来却在愚弄人、出卖人的权利，或用其他办法侵犯人的权利的人。

以上，我们说，康德把责任看作是普通人的理性，在自己的道德知识的范围内，可以找得到的原则。他们并且通过责任观念，进而至于道德规律。同时，也可以从实际生活中举出各类责任的例子。

但这并不是说康德主张责任是个经验概念。恰恰相反，他认为责任不是个经验概念，在经验中找不到一个完全的例子说明人们是有意识地出于纯粹责任而行动。有一些事情，从表面看来是合乎责任的，却也难于断定它自身是否真正是出于责任。在另一方面，有一些事直到如今还不能在世界上的经验里找到，对此，那些只相信经验的人甚至怀疑它行得通，但责任却使人毫不犹豫地接受。"例如：即或直到如今还没有一个真诚的朋友，但仍然不折不扣地要求每个人在友谊上纯洁真诚。因为作为责任的责任，不顾一切经验，把真诚的友谊置于通过先天根据而规定着意志的理性的概念之中。"①

正由于责任是先天的理性观念，所以它是一切道德价值的唯一泉源。它完全摆脱对意志的外来影响，也摆脱意志的对象，它本身就是一个自明的普遍观念。这同时也是责任的约束性的根据。因为，这种根据既不能在人类本性中寻找，也不能在所处的世界环境中寻找，而完全要先天地在纯粹理性的

①《道德形而上学原理》，《康德全集》第 4 卷，第 408 页。

概念中去寻找。这样，责任概念就和规律概念紧密地联系起来，就和理性的先天性，意志的自律性，理性的立法功能联系起来。责任就是服从客观普遍原则的行为必要性。消除来自经验要求的责任观念，总的说来，也就是道德规律的观念，它仅仅通过理性途径对人的心灵发生影响，其力量比全部经验动机都强大得多。而理性正是在这里觉察到，它自身也竟是实践的。

归根到底，责任的必要性、约束性和强制性，责任的先天性和客观性，崇高和尊严，这一切的一切都来自规律，规律是责任的基础。正因为它以绝对纯洁、毫无利己之心、完全普遍、对一切有理性东西有效的、先天的道德规律为基础，所以责任才具有必要性、强制性，才成为一切道德价值的泉源。

三、人的一切都来自规律毋庸置疑的权威，来自对规律的无条件尊重，没有任何东西来自爱好

把普遍必然的规律作为伦理学研究对象这是康

德伦理学说的一个显著特点，这是以普遍有效性相标榜的康德的德性论和古希腊斯多亚派德性论的一个重大区别。在《实践理性批判》的一个注释里，他评论道："斯多亚哲学把精神力量看作一切道德意向绕之旋转的轴心。他们认为，德性就是在哲人身上的一种英雄主义。它远远地凌驾在动物性的众人之上，是自足的，无待他求。它对人课以责任，而自己却置于责任之外，并且自身永远也不会误入歧途，偏离道德规律。如果他们能认识到，道德规律的纯洁和严肃与圣经里的诫律一样，他们就不会这样想了。"①

　　康德把伦理学和物理学等量齐观，认为两者都是以普遍必然规律为对象的科学。不过所研究的是两种不同的规律，一种规律是万物循以产生的自然规律，另一种则是人类的意志，在自然的影响下给自己规定的规律，是自由规律、道德规律。对于道德规律，万物只是应该循以产生。这就是说，并不排除那些往往使之不能发生的条件。关于自然规律

————————

① 《实践理性批判》，《康德全集》第 5 卷，第 127 页。

的科学是物理学。关于自由规律的科学是伦理学。前者是一种自然学说，后者是一种道德学说。

两种规律的区别，是康德关于科学分类的根本依据。根据这一分类，他把伦理学和物理学放在同等的基础上，这不仅使古代希腊，大半是斯多亚派的哲学分类有了牢靠的根基，同时也提高了伦理学，使它在科学上和当时以牛顿为代表的物理学有同等的地位。然而，康德这里的本意并非在此。他的本意是制订一种"纯粹哲学"即形而上学，用来对抗或抵消经验论、感性论和以此为基础的利己主义伦理学。他认为：除非在一种纯粹哲学里，目前在任何地方都找不到，在实践上至关重要的纯粹而又真实的道德规律。所以，形而上学是个出发点，没有形而上学，不论在什么地方都不会有道德哲学。纯粹原则和经验原则的混杂，自身就是道德纯粹性的毁灭。在康德关于实践理性的学说里，和他在关于理论理性的学说里一样，都是无时不在坚持这个"纯粹原则"。但是，在这里这个原则的含义很清楚，纯粹就是通体透明，丝毫不受利己意图和个人打算的污染。无怪康德认为，和知识学说相比，他的道德学说更容易为普通大众所接受了。

不难看出，自由规律和自然规律的对立正是给论证道德的纯洁、崇高和责任的严肃、神圣铺设轨道。因为，如果没有一个不同于自然规律的自由规律，那么人作为自然的一部分，就是一架机器，要永远受自然的宰制，成为自然必然性的奴隶。康德众口传诵的名句："两样东西，我对它们越是坚持不断地思考，越是有更新更大的讶异和敬畏充满了我的心灵，这就是在我头上星斗森罗的天空和在我心中的道德规律。"[1] 但两者对我的作用却大不一样。从前者来看，那数不清的世界把我当作一个动物，而消灭了我的重要性。这个动物被暂时赋予了生命，谁也不知道待到什么时候，又把构成自身的质料归还给所居住的行星，这行星不过是苍茫宇宙的一粒灰尘。后者，却恰恰相反，它无限地提高了我作为一个理智的东西的价值。道德规律向我展示一个独立于动物性，以至于独立于整个感性世界的生活。道德规律向我昭示，人的存在使命决不受这个生命

---

[1] 《实践理性批判》，《康德全集》第 5 卷，第 161 页。

和条件的限制，它将伸向无限。有理性东西的一切行动都必须以道德规律为基础，正如全部现象都以自然为基础一样。

规律是规定意志的根据。行为的道德价值并不在于它所预期的后果，也不在于以这种预期后果为动机的任何行为原则。最高的、无条件的善只能在有理性东西的意志中找到。但是人，作为一个有理性的东西，他和自然物件不一样。自然物件的运动直接为规律所规定。道德规律则不能直接规定人的行为，它只有通过人对规律意识、认识，表象、观念才规定他的行为。康德非常强调这一差别，人之遵循道德规律是个有意识的过程，而只有有意识地遵循道德规律的行为，才具有道德价值，这也就是所谓"出于责任"。他说："只有为有理性的东西所独具的，对规律的表象自身才能构成我们称之为道德的、超乎其他善的善。因为正是这种表象，而不是预期的后果，作为根据规定了意志。"[1] 人们对规律的这种意识，康德特别名之为"尊重"。

---

[1]　《道德形而上学原理》，《康德全集》第 4 卷，第 401 页。

尊重（Achtung）虽然是一种情感，不过不是由外因作用而引起的情感，而是通过理性概念自己产生出来的情感。这种尊重只是一种使我的意志服从于规律的意识。规律对意志的直接规定，以及对这种规定的意识就是尊重。更确切一点说，尊重是一种使利己之心无地自容的价值觉察，所以既不是对对象的爱好，也不是对对象的惧怕，或者爱之畏之兼而有之。所以，尊重只能以规律为对象，除此以外就不能用尊重这个词。某些东西使我喜欢，有时甚至可以说爱，也就是说因为它对我有利。只有那作为根据和人的意志相关联而不是作为后果的东西，只有单纯的规律，作为规律的规律才能够成为尊重的对象。按照康德的意见：尊重一个人，更确切地说只是尊重规律，如诚实的规律等等，这个人在这方面给人们树立了榜样。由于人们认为发展自己的才能是责任，所以一个有才能的人，就是这一规律的榜样、标本，人们就对他表示尊重。康德自己老实地承认，还说不清尊重的根据是什么，不过至少有一点很清楚，尊重就是对那比爱好更中意，更重要得多的东西价值的崇敬。

　　道德规律不是经验的，不是浮夸的人从头脑里虚构出来的。如果道德规律来自经验，那么，人们就会怀疑世界上是否会有真实的德性，关于责任的那些理想就会全部消灭，对道德规律的真诚尊重就会从心灵上消失。人们必须有一个明确的信念，尽管直到现在还没从纯粹源泉涌流出来的行为，但独立于一切经验的理性，它自己本身就会规定，那应该发生的事务发生。更进一步说，除非否定道德概念的真纯性，否定它与某一可能对象的全部联系，那么，人们就不得不承认，道德规律不仅对于人而且总的说来，对一切有理性的东西具有普遍意义，完全必然地发生效力。道德规律的这种普遍必然性，是百分之百先天地，在纯粹而又实践的理性中找到自己的源泉。

　　这里，康德作了几点结论：第一，全部道德概念都先天地坐落在理性之中，不但在高度思辨上是这样，在最普通理性上也是这样。第二，它们决不是经验的，决不是从偶然的经验知识中抽象出来的。第三，它们作为最高实践原则，在来源上非常纯粹，并且具足尊严。第四，若是有人往这里掺杂经验，那么，行为就在同等程度上失去其真纯和不受限制的价值。第五，从纯粹理性中汲取道德概念和规律，并加以纯净的表述，不仅是单纯思辨上的需要，同时在实践上也是极其重要的。

康德认为，道德规律虽然是普遍必然的，但不能直接地规定人的行为。因为上面已经指出，人不是物件，物件的活动是直接由自然规律来规定的；人是有意识的，他要按照自己对规律的意识和观念来决定自己的行动原则。人们根据自己对规律的表象而制定出的行为原则，被称为准则。例如，康德所喜用的例子"不要说谎"或者"童叟无欺"就是准则，它们被人们从不同的角度按照自己对诚实规律的观念、表象制定出规定自己行为的原则。"准则"（Maxime）是行为的主观原则，必须和客观原则，也就是与实践规律相区别。准则包括被理性规定为与主观条件相符合的实践规则。但更经常地，它只是与主观的无知和爱好相符合，从而是主观行为所依从的基本命题。"规律则是对一切有理性东西都适合的客观原则，它是行为所应该遵循的基本命题。"[①] 在

---

① 《道德形而上学原理》，《康德全集》第 4 卷，第 421 页。

康德的先天论（apriorism）里，和在摄影机的暗箱里一样，主观和客观是颠倒的。由理性不待经验而创制的规律，其中包括自然规律和道德规律，被说成是客观的。因为，这种被理性所先天地创制出来的道德规律，是普遍必然的，也就是说它是超出每个个人的主观意图之上的。康德甚至进一步推论，道德规律也就是自然规律。因为，规律的普遍必然性，在形式上构成了自然物，构成事物的定在（Dasein），一切自然物的定在都必须服从规律的普遍必然性。现在，道德规律也是普遍必然的，那么它也应该同样地去规定事物的定在，和自然规律并没有什么两样。

　　责任、规律、准则三者的关系是这样的：一个出于责任的行为，应该完全摆脱意志所受的影响，摆脱意志的对象，所以，客观上只有意志，主观上只有对这种实践规律的纯粹尊重，也就是准则，才能规定意志，才能使自己服从这规律，抑制自己的全部爱好。根据三者的关系，康德提出行为的善良就是行为准则和道德规律的普遍符合性。有了这样一条原则，那责任就成为有真实内容的，而不再是一个空洞的幻想和虚构的概念。这样单纯的与规律相符合性，总的说来就是意志的原则，而且必须是它的原则，而不须任何一个特殊规律为前提。这一原则就是：**除非愿意自己的准则变为普遍规律，否则你不应行动**。这命题不但是意志的原则，并且是辨别行为的善恶和责任强制性强弱程度的准绳和标尺。

你的生活失去乐趣，感到生命无价值，将欲自戕。那时请想想，你愿意自己的这种准则变为普遍规律，让每个生活中遇到困难和苦恼的人效法吗？显然不能。你的经济陷于困难，而又无力如期偿债，你想以不兑现的诺言举债摆脱暂时的危机吗？那么请想想，这种言而无信的准则如果变为普遍规律，别人不是以子之矛攻子之盾，而你不是搬起石头打自己脚吗？等等。像这样的浮世绘格调不能认为太高。然而，康德在《原理》这部篇幅不多的著作里却不厌其烦地重复再三，足见他对这一发现的重视了。

这一原则，在康德看来不但是区别善恶的标准，同样也是责任强制程度的尺度。有一些行为，除非陷于矛盾，人们就不可能把它的准则当作普遍规律，更不愿意它应该这样。在另一些行为中，虽然找不到上面所说的规律自相矛盾，但仍然不愿意把它们的准则变为普遍规律。前者是完全责任或狭义的责任，后者是不完全责任或广义的责任。在《道德形而上学》一书里，对广义的责任作了更详尽的探讨。在那里，把广义责任分为两大类，即"自身完善"（eigene Vollkommenheit）和"他人的幸福"（fremde Glückseligkeit），这类责任的约束性都不是严格的，虽然它们都是出于责任，具有道德价值。

康德对自身的这一发明的实际作用颇为欣赏，他说：这里不难指出，手里有了这一指针，在一切所面临的事件中，人们就会善于辨别什么是善，什么是恶，哪个合乎责任，哪个违反责任。即使不教他们什么新东西，只须像苏格拉底那样让他们注意自己的原则，那么既不需科学，也不需哲学，人们就知道怎样做是善良的，甚至是智慧和高尚的。由此也可以推断，每个人，以至于最普通的人，都能够知道他自己必须做什么，必须知道什么。行为的主观原则、准则在任何时候，都必须同时能够当作客观原则，当作普遍原则。

康德颇有趣味地指出，如果我们在违反责任的普遍规律时肯予留心体察，就会发现实际自己也并不愿意自己所奉行的准则变成一条普遍规律。我们之所以作出这样违反责任普遍规律之事，只是因为自认为有如此的自由，为了自己，为了便于爱好的满足，心存侥幸，只此一次下不为例。他认为，如果我们从同一角度，从理性的角度来缜密地考虑一切，就会发现在我们的意志里面存在着一种矛盾，某一原则在客观上我们把它看作是普遍必然的规律，而在主观上我们却又不把它当作普遍必然的规律而是允许例外。于是我们就处于这样的自相矛盾之中，一方面完全从理性的角度来观察自己的行为，另一方面又从爱好的角度来观察自己的同一行为。在这里摆下了天理和人欲的战场，展开了理性和爱好的搏斗。正如那个作不兑现诺言的借贷者，他当然不会愿意这伪诺言变成一条普遍规律，理性告诉他这会使一切信贷不可能，他自己最终也是受害者。他之所以这样做只是为了满足自己的爱好，摆脱暂时的困境。普遍规律仍然被看作是普遍有效的，不过它作为理性的实践原则和准则狭路相逢发生了冲突。以上的例子从反面证明，我们实际上承认了定言命令的普遍有效性，只在尊重定言命令的前提下，只在迫不得已的时候，被允许搞一点无关宏旨的例外。

四、定言命令包含着全部责任原则，只有定言命令才能称作实践规律，其余的，认真地说，只能称为意志原则，不能称为规律

康德不但阐明了责任的必要性、约束性和强制性，阐明主观准则和客观规律的符合原则，他还进一步把这些原则形成判断，探讨它们的表述形式。近代欧洲哲学，自从由中世纪神学的茧壳中蜕变出来，特别那些唯理主义者都期望给哲学找到清楚、明白、完整、确当的表述形式。笛卡尔设想在几何学基础上可以筑起永不动摇的哲学大厦。斯宾诺莎则把这一理想付诸实施："用几何方法来研究人们的缺陷和愚昧……并且将要和考察线、面和体积一样来考察人类的行为和欲望。"① 康德怀着同样的理想，

---

① 斯宾诺莎：《伦理学》，第三部分《论情感的起源和性质》序言。

不过在他看来，不是通过把数学应用于哲学的办法来实现。因为哲学和数学是两种在形式上完全不同的科学："哲学知识是来自概念的理性知识，数学知识是来自概念构造（Construction）的理性知识。……哲学知识在一般中考察个别，数学知识在个别中考察一般，甚至于在单个事例中考察一般……所以两种理性知识的区别，并不是由于它们质料或对象（Gegenstände）不同，而在于形式上的差异。"[1] 在有关实践理性理论的论述中，也和在理论理性学说中一样，他使用以先天论改造过的传统逻辑形式，即先验逻辑。

既然在康德那里，伦理学和物理学一样都是关于客观规律即普遍必然的规律的科学。那么，道德规律也一定和自然规律一样，它的命题可以用逻辑形式表示出来。不过，这是两种完全不同的逻辑命题。在物理学中诸命题都是对事实的陈述，如物体受热膨胀、地球是个行星等等，这些命题都是陈述式（Indikativ）。陈述式是陈述事物存在的种种方式。

---

[1] 《纯粹理性批判》，《康德全集》第3卷，第742页。

所以，在命题里用一个"是"字（sein）把主语和谓语联系起来。康德认为，在伦理学里情况则完全两样，这一种命题不是在陈述事物存在的某种方式，而是宣示某一行为的责任必要性、约束性，以至于强制性。"你应该为他人的幸福而工作"，"你不应该说谎"宣示了主观准则和客观规律的普遍符合关系。简而言之，也就是发布命令、颁行诫律。这一种命题是命令式（Imperativ）而不是陈述式。在命令式的命题里，用来表示必要性、普遍性这些情态的，不是用"是"字，而是用"应该"（sollen）。"责任是一个概念，具有自己的内容，并且对我们的行动实际上起着立法作用，这种作用以定言命令来表示。定言命令包含着全部责任原则。"① "命令式除了规律之外，还必然包含着与规律相符合的准则。既然在规律中并不包含限制自己的条件，从而，除了为行为准则所应该符合的、规律的普遍性之外，就一无所有了。唯有这样的符合性，才是命令式自身。"②

在诸种命令式中，康德认为最重要的是定言命

① 《道德形而上学原理》，《康德全集》第4卷，第421页。
② 《道德形而上学原理》，《康德全集》第4卷，第425页。

令。因为，只有定言命令才能算作实践规律，其余的，认真地说，只能称为意志原则而不能叫作规律。在这里，原则和规律都带重点的，以示两者的根本区别。定言（Kategorisch）命令把行为本身，看作是自为的客观必然的，而和另外目的无关。根据上述涵义迄今大多数论述康德伦理学说的文献，把这种命令式称为"绝对命令""无条件命令"或"无上命令"，等等。在这里为了显示康德的命题或判断分类与逻辑学之间的关系，仍沿用它在逻辑学里通行的用语，并不是以上的称谓有什么不确当之处。和定言命令相对立的是假言的（hypothetisch）命令，假言命令把一个可能行为的实践必然性，看作是达到人之所愿望的至少是可能愿望的另一目的的手段。假言命令是为了其他事情，而做某种事情。为了不失去信用我不违背自己的诺言。所以，假言命令都是有条件的。定言命令则相反，我之所以这样做并无其他目的，只是因为如若将此命令排除在我的准则之外，在同一意愿中我的准则就不能被看作是普遍规律了。所以定言命令是无条件的，它区别于假言命令的标志，就是要从意愿中排除一切条件。我促进他人的幸福，但幸福的实现与我并无直接或间接关系，这是我的责任。除非把它们当作定言的，人们就无法说明责任观念。同时，定言命令既不考虑其他目的，也不考虑任何意图，所以被当作一种必然的实践原则。也只有定言命令才可以称为道德命令。

各种不同类型的命令式都具有强制性，但其强制的程度不同。只有道德命令才可称为诫律（Gebot），只有诫律才带有无条件的必然性，即客观的、普遍适用的必然性。诫律就是对规律的必须服从，即使和爱好所希冀的后果相反，也必须执行。鞠躬尽瘁，死而后已，知其不可为而为之。但是，道德命令的这种强制性、必然性来自何方呢？第一，道德命令并不是假言的，如果是假言命令，它可以把自己的客观必要性建立在前提之上。你不应该说谎，谎言一旦被揭穿就名誉扫地了。康德并且告诫世人，必须小心提防那表面上的定言命令式，在口头上是无条件的而实际上夹杂着其他的动机。同时，对羞辱的暗中惧怕，或者对其他危险的模糊担心，都可能经常对意志产生影响。在这种条件下，表面上看来所谓无条件的道德命令，实际上不过是一种实践规范，依照我们的有利方便而制定。第二，定言命令的现实性是不能在经验中寻找的。因为，在经验中，那些所以必然的东西，是仅对要预定达到的意图是必然的，其自身则是偶然的，任何时候只要我们放弃了这种意图，这样的道德规范就宣告无效。意志无条件的诫律则完全相反，它是没有任意选择的自由，它自身则具备我们所要求于规律的那种必然性。第三，道德命令不是一种分析判断，如果是分析判断，它的谓语就预先存在于主语之中。例如，技术性的命令就是一种分析命题。在这里，谁想达到一定的目的，如果理性对行为有决定性的影响，那么在力所能及的范围内，它就同样要求有达到目的所不可缺少的手段。所以，从意愿的角度来看，这是一种分析的命题，愿望所要达到的目标，也就是作为后果的东西，而自己也就是一个行动着的原因，也就是把自己当作一个工具的使用者。手段也就包含在目的之中。在几何学上，平分直线的目的中也就包含着平分直线的方法、手段、原则。

康德认为，既然在物理学中有关自然规律的命题都是先天综合判断，那么在伦理学中有关道德判断的命题也不该两样。道德命令是先天的、必然的命题，它不以任何来自爱好、来自感性欲念、来自利己之心的条件为前提，而以一个对一切主观动因都具有无上权威性的理性观念，如责任观念把活动、行为和意志联系起来。同时，道德命令又和物理学命题一样是综合命题。因为行动的意愿也不是用分析的办法从另一个预设的意志中分析出来、引导出来的。而且对人来说，从来也没有这样一个完满的可以引导出一切意愿的意志。这种意愿是作为有理性东西的意志之外的东西和意志联系起来。从而，道德命令和物理学命题作为先天的、普遍的、必然的同时也是客观的命题，没有什么两样。但两者的来源却不相同，前者出于实践理性，出自意志，是实践的，后者出于理论理性，出于知性，是理论的。

总之，道德命令作为一个先天综合命题，它的必然性、强制性既不能来自前提，不能来自经验，也不能来自概念的分析。它的必然性、必要性、约束性、强制性只能来自行为准则符合规律的普遍性。普遍的即是对一切有理性东西都有效的、有约束力的、必然的。对此，康德作了如下的论证："因为命令式除了规律之外，还必然包含着与规律相符合的准则，然而规律中并不包含限制自己的条件，所以除了行为准则应该符合规律的普遍性之外，便一无所有，而只有这样的符合性，才使命令式自身成为必然的。"①

在得出了道德命令的必然性、强制性来自它的普遍性的结论之后，康德更进一步从形式、质料、整体三方面进行阐述，并在每一方面都加以规范化，制订出一个公式。这三个公式，特别是前两个公式，在西方伦理思想发展的历史上以至于西方文化发展的历史上，都是具有头等重要影响的。第一，从形式方面讲，是讲规律的单一性、意志的普遍性。也就是说，一个无条件善良的意志是彻底善良、绝对善良的，如果把它的行动准则变成普遍规律，是永远不会自相冲突的。所以，在任何时候都要按照那些你也愿意把它的普遍性变成规律的准则而行动。这是意志永远不能自相反对的唯一条件，唯有这种

---

① 《道德形而上学原理》，《康德全集》第4卷，第421页。

命令式才是定言的。这一条道德命令可以简化为如下的公式：**要只按照你同时认为也能成为普遍规律的准则去行动**。这也是对行为评价的标准，人们必定愿意自己的准则能够变成规律。康德认为，为了维护德性的真纯，就必须抹杀经验在伦理学中的作用。一切经验的东西作为附属品，不但对道德原则毫无用处，反而有损它的真纯，有损真正善良意志所固有的、无可估量的价值。因为这种价值正在于它的行为原则摆脱了一切只由经验提供的影响。我们要不断地提醒人们，注意防止想在经验原因中把握行为原则的浅薄方式。因为，只有完全清除经验的杂质，去掉浮夸和利己的虚饰，德性的真实面目才会显露出来。每个人只要他的理性还没有完全被抽象所糟踏，就能看到德性和一切引起爱好的东西相比是多么光彩夺目啊！道德规律的普遍性，对一切有理性的东西的有效性，这是经验绝对做不到的。

第二，是道德命令的质料方面，是目的的众多性。道德行为不能有来自冲动的主观目的，因为它们都是被一个有理性的东西随意选为行动结果的目的，都是相对的。它们只有和主体的某一特殊欲求相联系才获得价值，其本身并无价值。这种价值不能对一切有理性的东西，也不能向每一意志提供普遍必然的原则，不能提供实践规律，这些相对目的仅仅是假言命令的根据。然而，意志又不能没有目的、没有规定，如果这样，意志就成为全无规定、随心所欲的空忙。由于普遍必然命令的根据必须出于理性自身，必须是客观的，它的定在自在地就有绝对价值，它作为目的能自在地就是确定的、具有内容的规律的根据。康德认为，能够满足以上条件，唯一有资格作为定言命令根据，作为实践命令根据的东西，就是人。所以，每个有理性的东西都须服从这样一条规律：**不论是谁在任何时候都不应把自己和他人仅仅当作工具，而应该永远将自身看作目的**。自从卢梭响亮地喊出了"人生来是自由的"口号以来①，欧洲的启蒙思想家就得到了一件向封建束缚斗争的有力武器。形势发展之快，令人惊诧，四分之一世纪不到，在莱茵河东岸就奏响了这样更为激越的调子。

---

① 卢梭：《社会契约论》，第一章，第一卷的题旨。

在卢梭那里，人是自然的一部分，他们在自然的森林里是许多兽群中的一个兽群，漫无目的地游荡着，搜寻着野果充饥。在康德这里，人，总的说来，每个有理性的东西，都自在地作为目的而实际存在着。他们不单纯是这个或那个意志使用的工具。在他们的一切行动中，不论是对于自己，还是对于别人，任何时候都必须被当作目的。只有他们才被称为人身（Personen），其他无理性的东西则被称为物件（Sachen）。因为，他们的本性表明自在地就是目的，是一种不可以被当作手段使用的东西，从而是限制一切任性的最高条件，人是绝对不许随意摆布的，必须是受尊重的对象。所以，他们不仅仅是主观目的，作为我们行为的结果而实存具有为我们的价值，而是客观的目的，其实存自身就是目的，是种任何其他目的都不可代替的目的，一切其他东西都作为手段为他们服务，除此之外，任何地方都找不到有绝对价值的东西了。人被看作和神是同一族类，他们统统都是有理性的东西。在上面所谓责任也就是以这一客观目的，绝对价值为目的，就是对这种客观目的，绝对价值负责。凡是以此为目的的责任就是德性责任（Tugend Pflicht）。

第三，从全体方面对全部准则作完整的规定，这就是**全部准则通过立法而和可能的目的王国相一致，如像对自然王国那样**。由于每个有理性的东西都服从，在任何时候都不应把自己和他人仅仅当作工具，而应该永远将自身看作目的的规律，这样就产生了一个由普遍客观规律约束起来的、有理性的东西的体系，产生了一个王国。康德称之为目的王国。目的和自然这两个王国很有相似之处，前者服从准则，服从自身加于自身的规律，后者服从外因起作用的规律。作为自在目的，有理性的东西其本性就规定他为目的王国的立法者。对一切自然规律来说他都是自由的，只服从自己所制定的法律、规律。唯有立法自身才具有尊严，具有无可比拟、无条件的价值，才配得上在称颂他所用的"尊重"这个词。关于"目的王国"和"自然王国"这两个术语的使用，康德在《原理》第436页的一个注释中这样说：目的论把自然当作一个目的的王国；道德学则把一个可能的目的王国当作自然王国。在前一种情况下，目的王国是用来说明现存事物的理论观念。

在后一种情况下，自然王国则是一个实践观念，要通过我们的行动，把尚未存在的东西变成现实，也就是与实践观念相符合。

以上三个公式并不是三条互不相同的规律，而不过是以三种不同方式，从三个不同角度，来观察同一规律。它们虽有区别，但又相互联系着、相互包容着。它们之间的区别，与其说是客观实践上的，倒不如说是主观上的，其目的仅在于通过某种类比，使观念与直观相接近，由此并与情感相接近。在三个公式之中，定言命令的形式规律是其他两个公式的基础，是最高的，甚至可以说是唯一的规律。如果定言命令及其全部规律都是普遍的，并且作为一种先天原则是彻底必然的，从这里就可得出结论，道德命令的约束性、强制性都是真实的，它赋予德性以强大的与恶邪相对抗的力量，任何人接受这些原则，他就不能把道德当作虚构的观念，头脑的产物。唯心主义，更具体地说客观唯心主义，总是把普遍的东西、形式的东西当作是第一性的，观念（Idea）这词原本就是形式，唯心主义，观念论，也就是形式主义。

五、意志不过是实践理性

以上，我们简要地评述了康德的德性论的几个主要环节，它们是紧紧地锁扣在一起的。德性就是力量，它是一种主宰自己、强制自己使责任化为现实的力量。出于责任的行为，与爱好的对象完全无关，它仅仅着眼于行为本身，着眼于它的理性原则、它的规律。责任就是出于对规律尊重的行为的必要性；而规律，道德原理是先天的，并且具有至高无上的尊严。人的一切都来自规律毋庸置疑的权威，来自对规律无条件的尊重，没有任何东西来自爱好。若不然，就是践踏人，让他蔑视自己，并且内心满怀憎恨。

所以溯本穷源，康德的物理学和伦理学，理论理性和实践理性都遇到了同样必须回答的问题。规律是从哪里来的？规律的约束性的根据要到什么地方去寻找？他认为：道德规律和自然规律一样，约束性的根据既不能在人类本性中寻找，也不能在他所处的外界环境中去寻找，而完全要先天地在纯粹理性的概念中去寻找。以经验为依据的规范，永远不能称之为道德规律，只能称之为实践规则。而这里所谓的纯粹就是完全清除来自经验的杂质，扫尽出于浮夸或利己之心的虚饰。绝不能把纯粹原则和经验原则相混杂，这种混杂自身就要毁掉道德。真正纯粹的道德规律，只寓于纯粹的哲学之中，在此以外不论在什么地方也没有道德哲学。

作为先天论，这种纯粹理性是创制规律或原则的能力，它规定心灵的一切能力，也规定它自己本身。康德进一步把纯粹理性分为理论理性和实践理性。理论理性或思辨理性所着意的，主要在于认识对象直到认识先天的最高原理；实践理性则着意于规定意志，规定它最终的和完全的目的。但是理论理性和实践理性两者并不相冲突，因为它们在原则上是相互一致的，归根到底并没有两个理性，理论的和实践的，只是同一理性的不同运用罢了。同时意志和实践理性也不是两个东西。所谓具有意志，也就是具有按照对规律的意识、观念或表象来行动的能力，也就是按照原则行动的能力，唯独有理性的东西才具有这种功能，才具有坚持原则的力量。

而且把规律付诸行动，把行动从规律中引导出来，没有理性是不行的，这就证明意志不过是实践理性。意志在康德这里，决不是非理性的，反认识的，它和理论理性一样也是一种认识。不论理论理性还是实践理性都按照先天原则来进行判断，道德判断也是一种判断，不过其表现形式和陈述式有所不同罢了。

思辨理性和实践理性虽然是同一理性，理论认识和实践认识虽然都是认识，两者的关系却不是平行的，更不是实践从属于理论，相反而是理论从属于实践，这就是康德那个著名的实践理性优先（Das Primat der praktischen Vernunft）原理，这一原理所根据的理由，在以下引文里自身说得很清楚，不须我们多费笔墨。"纯粹思辨理性和纯粹实践理性结合在同一认识之中，只要这一结合是先天地以理性自身为基础，从而是必然的而不是偶然和任意的，那么实践理性就居于优先地位。因为，如果两者不是从属关系，理性就要发生自相冲突。如若两者只是平行的，那么，理论理性就要把自己严密地闭锁起来，而不从实践理性接受任何东西。而实践理性又要漫无边际地延伸，遍及于一切事物，其实际需要只不过是把理论理性包容在自身之内。这个次序也不能颠倒过来，要求实践理性从属于理论理性，一切兴趣（Interesse）终究都是实践的，甚至理论理性的兴趣也是有条件的，只有在理性的实践应用中才能完成。"①此外，当然也还可以给这一原理找到历史上的根据，"智慧"也就是希腊语中 Sophia，在古代，其含义是行多于知或行重于知。例如柏拉图视智慧为王者之德。如果再往上推，荷马在《伊利亚特》里把"智慧"和木匠手艺联在一块。赫希俄德把任何一个有任何一种出众的技艺的人都称为"智慧"。而那些著名的"七贤"（Sophistai）大都是事业家，而不是学问家。②

善良意志和自由意志是纯粹理性实践运用的必然产物。康德指出：理性作为实践能力，也就是作为一种能够给予意志以影响的能力，它的真正使命并不是去产生完成其他意图的工具，而是产生在其自身就是善良的意志。这种意志虽然不是唯一的善、

①　《实践理性批判》，《康德全集》第 2 卷，第 121 页。
②　参看宇伯威（F. Ueberweg）：《哲学史》导言，第 1 节。

完全的善，但肯定是最高的善，它是一切其余东西的条件，甚至是对幸福要求的条件。责任概念里就包含着善良意志的概念，虽然其中夹杂着一些主观上的障碍和局限，但远不能把它掩盖起来，使它不为人所认识，而通过对比反而使它更加明显，发射出更加耀眼的光芒来。最后，一个彻底善良的意志，它的原则必定表现为定言命令，包含着意志的一般形式，任何客体都不能规定它，它也就是作为自律性。由于它，一切善良意志才能使自己的准则自身成为普遍规律，也就是每个有理性的东西加于自身的、唯一的规律，不以任何动机和爱好为基础。

这样看来，善良意志也就是自律意志，也就是自由意志。理性必须把自身看作是自己原则的创始人，摆脱一切外来影响。所以，必须把自身看作是实践理性，看作是有理性的东西，自身即是自由的意志。意志是有生命东西的一种因果性，如若这些东西是有理性的，那么，自由就是这种因果性所固有的性质，它不受外来原因的限制。自由即是理性在任何时候都不为感性世界的原因所决定。自律概念和自由概念不可分割地联系着。同时，规律概念就伴随着因果概念。所以，自由并不是无规律的，而是具有不变的规律的因果性，不过是另一种规律罢了，如若不然自由就变成荒唐了。自然必然是他律性，意志自由是自律性，意志所固有的性质就是他自身的规律。从而自由意志和服从道德规律的意志完全是一个东西。在这里康德发现了一个"无可逃脱的循环"：① 为了把自己想成在目的序列中是服从道德规律的，我们认为自己在作用因的序列中是自由的。反过来说，我们由于赋予自身以意志自由，所以把自己想成是服从道德规律的。

康德把意志的这种自律性（Autonomie）称为"道德的最高原则"。这个词是由两个希腊语词 autos（自己）和 nomcos（规则）合并而成，意思是法则由自己制定的而和他律性（Heteronomie）相反。意志自律性是意志由之成为自身规律的属性。自律原则是个命令式，在同一意愿中，除非所选择的准则同时也被理解为普遍规律就不要作出选择。在这里，在德性论的范围内，我们只能作为事实接受，不能

---

① 《道德形而上学原理》，《康德全集》第 4 卷，第 450 页。

作进一步证明。但是康德指出，通过道德概念的解剖，却完全能揭示出自律性是道德的唯一原则。康德的全部德性论以自主性（Autokratie）开始，而以自律性（Autonomie）告终。德性的力量，德性的自主性来自意志的自律性，来自意志自由。

最后有必要指出，在康德伦理学说、特别是德性论中，被当作理论靶子、攻击目标的利己主义和个人幸福原则，作为一个历史范畴和康德并不是全都势如水火。相反，在反对西欧中世纪蒙昧主义的战役中，两种理论倒是相互配合、两面夹击的同盟军。康德之所以没有意识到这一点，因为他不能超越自己的时代，也不能脱离自己的国度。理论是有祖国的，它不能离开自己生长的土地。

利己主义的主攻点是中世纪封建神学的禁欲主义和天堂来世说教，它的武器是感觉和经验，这一支队伍，以自然为自己的屏障和营垒。信心坚强、为个人幸福而战的斗士们，一个个笔锋锐利，语言辛辣，嬉笑怒骂皆成文章。他们的宣言是现世权利的胜利，世俗生活的凯歌。和任何一支队伍一样，它有自己的弱点。自然的均质性（homogeneity）夷平了一切质的差异，仿佛迷蒙朝雾障隐了远山，充塞着旷野，泯灭了人与兽的畛域，取消了善与恶的界限，立论如此，人何以堪！在这时候，康德高举着理性的大旗，走上战斗的前列。他以先天说为依据，其思辨论证有时虽不免枯涩些，但以前所未有的严谨和雄辩，证明了道德的纯洁，德性的尊严和责任的崇高。他像股清凉的晨风，一阵吹来，顿时天开日朗，千峰竞秀，万里澄明。人，作为有理性的东西，被举到令人眩晕的高度。柯尼斯堡的哲人成为德性论的最伟大的代表，《道德形而上学原理》被称为一本"真正伟大的小书"，并被认为对西方思想的影响之深刻远在柏拉图《国家篇》和亚里士多德《伦理学》之上。①

正如以上所看到的那样，先天论作为一种唯心主义理论，先天地就带着自己的不治之症。它以感觉、经验为抵偿，来换取规律的普遍性和必然性。这种规律的普遍性和必然性，在伦理学上就可以直接地，不必经过任何中间环节转化为道德的纯洁性

---

① 参看 Paton, H.J.: *Immanuel Kant Groundwork of the Metaphysic of Morals* 译者序（1947）。

和严肃性。然而，先天论的普遍性是没有内容的普遍性，先天论的必然性是空洞的必然性。而且正因为无内容，不须经验，所以才成其普遍；正因其空洞，不经感觉，所以才成其必然。康德说，道德规律的质料是人，但这种人是一个纯粹概念，它不但纯粹掉社会关系，也纯粹掉血肉机体，甚至连人这个词都嫌太重浊了，而泛泛称之为"有理性的东西"（das Vernünftige）。先天论的德性论，宛如一束断了线的气球，高入云端，五彩斑斓，熠煌耀眼，但永远落不到实处。它对一切时代有效，对任何一个时代都无效；对一切人有效，对任何一个人都无效。它要求不可能得到的东西，因而永远得不到任何可能得到的东西。所以，尽管他把"善良意志""绝对命令"喊得震天响，却掩盖不住德国资产阶级实践的徒托空言，软弱无力。在《德意志意识形态》一书里马克思写道："18世纪末德国的状况完全反映在康德的'实践理性批判'中。当时，法国资产阶级经过历史上最大的一次革命跃居统治地位，并且夺得了欧洲大陆；……但弱软无力的德国市民只有'善良意志'。康德只谈'善良意志'，哪怕这个善良意志毫无效果他也心安理得。"① 以先天论为基础的口号，"德性就是力量"并不是说明喊口号的人有力量，相反却表明了他的软弱无力。同时，把康德的自主和自律解释为对普鲁士封建军国主义俯首帖耳甘做顺民，德性论是基督教神学的翻版，也不是很妥当的。应该说，在 18 世纪西欧的启蒙主义者、自由思想家中，康德是其中把共和国作为唯一合理国家形式的少数佼佼者之一。他的自律是和他律相对的，强调的是个"自我"（auto），或者说是个主体。康德处于一个新旧交替的复杂时代，他的思想从历史作用到理论体系也都是复杂的。任何简单的结论、任何径情直接的推理，都会片面化，造成误解。

---

① 《马克思恩格斯全集》第 3 卷，第 211 页。

前　言

　　古代希腊哲学分为三个部分：**物理学**、**伦理学**
和**逻辑学**。这种分类与其主题的本性完全一致，人
们只能对有关学科所根据的原则加以补充，以便保
证对它们的充分的理解，同时进一步正确地规定其
必然的划分，除此之外就不能作更多的改进了。

　　全部理性知识，或者是**质料**的，与某一对象有
关；或者是形式的，它自身仅涉及知性的形式，涉
及理性自身，一般地涉及思维的普遍规律，而不涉
及对象的差别。形式哲学被称为**逻辑学**；质料哲学
按所研究的对象及其所服从的规律，又分为两种。
因为规律只有两种，或者是自然规律，或者是自由
规律。关于自然规律的学问被称为**物理学**，关于自

由规律的学问被称为**伦理学**。前者是自然学说，后者是道德学说。

逻辑学没有经验部分，也就是没有这样一个部分，在那里思想的普遍必然规律，要以来自经验的论据为依据；因为，若不然它就不是知性或理性的标准，适合于一切思维，并为真理必然所证明。与此相反，不论自然哲学，还是道德哲学，都有自己的经验部分。因为自然哲学须给作为经验对象的自然界规定自己的规律；道德哲学则须给在自然影响下的人类意志规定自己的规律。自然规律是万物循以产生的规律，道德规律是万物应该循以产生的规律，但却不能排除那些往往使它不能产生的条件。

人们可以把全部以经验为依据的哲学称为**经验哲学**，而把完全以先天原则来制订自己学说的哲学称为**纯粹哲学**。单纯是形式的纯粹哲学，被称为**逻辑学**；当它被限制在知性的一定对象上的时候，就被称为**形而上学**。

按照这种分类，产生了两种形而上学，一种是**自然形而上学**，一种是**道德形而上学**。从而，物理学既将有它的经验部分，也将有它的理性部分。伦理学也是这样，不过经验部分特别被称为实践人学，理性部分本身被称为**道德学**。

　　各行各业，一切手工和技艺都通过分工而取得进步。按照这种分工，一个人并不把一切都包下来，而是每个人只限于做某种在操作上和其他有显著区别的事情，这样就可做得更周全、更轻巧。不论在什么地方，只要工作还没有进行划分、每个人还都是个百事通，那么这些行业就处于落后状态。现在我们要提出一个不是不值得考虑的问题，那就是让纯粹哲学的各个部分，都配备一个特殊的人。并且，为了整个学术事业的利益，有必要警告那些为了迎合公众趣味，习惯于把经验和理性以自己也莫名其妙的比例混合起来加以兜售的人们，警告那些自称为独立思想家，而把只在理性上下功夫称为钻牛角尖的人们，请他们不要同时做两件事情。这两件事情在做法上完全不同，每一件都需要一种不同的才能，而把这些才能集合在一个人身上，只会使他一事无成。还有一个问题值得考虑，那就是学问的本性似应要求随时把经验的部分和理性部分谨慎分开，在狭义的（经验的）物理学之前，再加一个自然形

389 而上学；在实践人学之前，再加一个道德形而上学。这种形而上学必须谨慎地清除一切经验的东西，以便知道在两种情况下纯粹理性能做多少事情；它自己从什么地方先天地吸取这种学说，并且道德形而上学的事业是由队伍庞大的全体道德学家来完成呢，还是只由感到这种使命的少数人来完成。

在这里，我的意图是讨论道德哲学。所以，我只限于这样提出问题：人们是否认为有必要制订出一个纯粹的，完全清除了一切经验、一切属于人学的东西的道德哲学；因为从责任和道德规律都有自明的普遍观念来看，必须有这样一种哲学是很显然的了。每个人都会承认，一条规律被认为是道德的，也就是作为约束的根据，它自身一定要具有绝对的必然性。"你不应该说谎"这条诫律（Gebot）并不只是对人类有效，而其他有理性的东西可以对此漠不关心，其余的真正道德规律也莫不如此。从而，约束性的根据既不能在人类本性中寻找，也不能在他所处的世界环境中寻找，而是完全要先天地在纯粹理性的概念中去寻找。同时，任何其他单纯以经验原则为依据的规范（Vorschrift）虽然有一定的普遍意义，然而它即使有极小一部分甚至一个念头是出于经验的话，也是一个实践规则，永远不能被称为道德规律。

　　所以，全部实践知识、道德规律及其原则和其余带有经验成分的知识有着本质差别，而道德哲学是完全以其纯粹部分为依据的。在应用于人的时候，它一点也不须借用关于人的知识（人学），而是把他当作有理性的东西，先天地赋予其规律。这些规律，当然也需通过经验把判断力磨炼得更加敏锐，以便一方面准确地判断它们发生效力的场合，另一方面给它们创造为人们意志所接受的条件，以及在实践方面产生强烈的印象。因为，作为多方受制于爱好（Neigung）的人，虽能接受纯粹实践理性的理念，但要使它在自己的生命历程中具体起作用，却不是件容易的事。

　　不仅仅为了从思辨方面寻求先天存在于我们理性之中的实践基本命题的泉源，一个道德形而上学是完全必要的，而且如果找不到主导的线索，找不到正确评价的最高标准，那么道德自身就会受到各式各样的败坏。要使一件事情成为善的，只是**合乎**

390

道德规律还不够，而必须同时也是**为了**道德而作出的；若不然，那种相合就很偶然并且是靠不住的。因为，有时候并非出于道德的理由，也可以产生合乎道德的行为，而在更多情况下却是和道德相违反。现在，除非在一种纯粹哲学里，在任何地方都找不到在实践上也至关重要的、真纯的道德规律。所以，形而上学必须是个出发点，没有形而上学，不论在什么地方也不会有道德哲学。那种纯粹原则和经验原则的杂拌儿是不配称为哲学的，因为哲学和普通理性知识的区别，正在于它把普通理性知识所模糊把握的东西阐述在特殊的科学之中。它更不值得被称为道德哲学，这种混杂自身就要毁掉道德的纯洁性，是与道德的固有目的背道而驰的。

请不要以为在这里所要做的事情，著名的沃尔夫（Wolff）都已写在他名之为**普遍实践**哲学的道德哲学引言里了，这完全不是一个什么新的领域了。正因为这是普遍实践哲学，所以它所考察的不是一种特殊的意志，不是一种不须一切经验的动因、一种完全由先天原则来决定，被称为纯粹意志的意志。它所考察的是一般意愿，以及在这种一般意愿下属于它的全部行为和条件。这样看来，它和道德形而上学的区别，正如普通逻辑和先验哲学的区别一样。在这里，前者所阐明的是**一般**思想的活动和规则，后者阐明的则是纯粹思想的特殊活动和规则，也就是其对象完全先天地被认识的思想的活动和规则。所以，道德形而上学所研究的，应该是可能纯粹的意志的观念和原则，不是人的一般意愿的行为和条件，这些东西大都来自心理学。普遍实践哲学也超越自己的权限而谈论道德规律和责任，但这一事实并不能否定我的意见。因为，这一学科的著作家并没有改变他们的观点。他们把只先天地由理性所提供、自身完全是道德的动机，和那些经验的、知性通过经验比较而提高成的普遍概念一视同仁，完全看作同类的东西，不管在来源上是否相同，只注意它们总量的大小。他们用这样的办法制订出他们关于**约束性（义务）**的概念。这样的概念虽然并非不道德，但这种道德性只能像在一种对一切可能道德概念的来源不分先天或后天的哲学里所能期待的那样。

由于计划在将来写一部道德形而上学，我预先写下这个原理。除了**纯粹实践理性批判**之外，也许根本不存在其他的原理，正如已经发表了的纯粹思辨理性批判，也就是形而上学原理一样。不过，对纯粹实践理性批判的需要并不像纯粹思辨理性批判那样急迫。因为，在道德方面，人类理性就是连最普通的知性也容易达到较大的正确性和完满性。相反，在理论方面，理性的纯粹应用则完全是辩证的。其次，在纯粹实践理性完成之后，我就有必要同时说明它在原则上和理论理性的一致，因为，归根到底只有一个理性，只是在运用方面有所不同罢了。然而，除非夹进一些与此无关的考察并引起读者的混乱外，在这里我就不能把这件事做得完美无缺。由于这种缘故，我不用**纯粹实践理性**批判，而用**道德形而上学原理**这个名称。

第三，**道德形而上学**这个名称虽然吓人，但对于大众化、对于普通理智的接受颇为相宜，我发现把这原理作为导言单独来写是有用的，因为这样，在将来就不须把这里不可避免的细节引进那些简明的条目中了。

在这个原理里，现在主要的目的是找出并确立

392

道德的**最高原则**，这是一种意图完整、和其他道德研究全然不同、独一无二的工作。对这一重大的、迄今尚未阐明的首要问题的意见，我若通过把原则应用于整个体系，也许会赢得更多的了解；通过多方面的展示，也许会找到更强的信念。不过，我宁肯放弃这些方便，因为它与其说是大众需要，还不如说是个人所好，因为一条原则的使用轻易和它所显示的面面俱到，不但不能证明这　原则的正确性，并且还要引起某种偏见，使人不能仅就它本身来进行研究，加以估量，而不计后果。

我相信，我在这本书里所采用的方法是最便利的方法，它分析地从普通认识过渡到对这种认识的最高原则的规定；再反过来综合地从这种原则的验证、从它的源泉回到它在那里得到应用的普通认识。所以，本书可以分为以下几章：

第一章：从普通的道德理性知识过渡到哲学的道德理性知识。

第二章：从大众道德哲学过渡到道德形而上学。

第三章：最后，从道德形而上学过渡到纯粹实践理性批判。

第一章
从普通的道德理性知识过渡到哲学的道德理性知识

在世界之中，一般地，甚至在世界之外，除了 393 善良意志，不可能设想一个无条件善的东西。理解、明智、判断力等，或者说那些精神上的**才能勇敢**、果断、忍耐等，或者说那些**性格上的**素质，毫无疑问，从很多方面看是善的并且令人称羡。然而，它们也可能是极大的恶，非常有害，如若那使用这些自然禀赋，其固有属性被称为**品质（Charakter）**的意志不是善良的话。这个道理对**幸运所致的东西**同样适用。财富、权力、荣誉甚至健康和全部生活美好、境遇如意，也就是那名为幸福的东西，就使人自满，并由此经常使人傲慢，如若没有一个善良意志去正确指导它们对心灵的影响，使行动原则和普

011

遍目的相符合的话。大家都知道，一个有理性而无偏见的观察者，看到一个丝毫没有纯粹善良意志的人却总是气运亨通，并不会感到快慰。这样看来，善良意志甚至是值不值得幸福的不可缺少的条件。

有一些特性是善良意志所需要的，并有助于它发挥作用，然而并不因此而具有内在的、无条件的价值，而必须以一个善良意志为前提，它限制人们对这些特性往往合理的称颂，更不容许把它们看作完全善的。苦乐适度，不骄不躁，深思熟虑等，不仅从各方面看是善的，甚至似乎构成了人的**内在**价值的一部分；它们虽然被古人无保留地称颂，然而远不能被说成是无条件的善。因为，假如不以善良意志为出发点，这些特性就可能变成最大的恶。一个恶棍的沉着会使他更加危险，并且在人们眼里，比起没有这一特性更为可憎。

善良意志，并不因它所促成的事物而善，并不因它期望的事物而善，也不因它善于达到预定的目标而善，而仅是由于意愿而善，它是自在的善。并且，就它自身来看，它自为地就是无比高贵。任何为了满足一种爱好而产生的东西，甚至所有爱好的总和，都不能望其项背。如果由于生不逢时，或者由于无情自然的苛待，这样的意志完全丧失了实现其意图的能力。如果他竭尽自己最大的力量，仍然还是一无所得，所剩下的只是善良意志（当然不是个单纯的愿望，而是用尽了一切力所能及的办法），它仍然如一颗宝石一样，自身就发射着耀目的光芒，自身之内就具有价值。实用性只能被当作阶梯，帮助我们在日常交往中更有效地行动，吸引那些尚没有充分认识的人对它的注意，而不是去左右那些有了认识的人的意志，并规定它的价值。

在谈到纯粹意志不计任何用处的绝对价值时，我们不能不看到一个令人难解的现象，尽管普通理性都一致同意这一思想，然而有人仍然还是怀疑，这里面是否暗藏着不切实际的高调。同时，把理性当作我们意志的主宰，很可能是对自然意图的误解。现在就让我们从这个角度来考察一下这一观念。

在一个有机物、一个与生活目的相适应的东西的自然结构中，我们发现这样一个基本原则，这就是在这里面没有一个用于一定目的的器官不是与这一目的最相适合的、最为便利的。假如在一个既具有理性又具有意志的东西身上，自然的真正目的就是**保存**它，使它**生活舒适**，一句话就是**幸福**，那么，自然选中被创造物的理性作为实现其意图的工具，它的这种安排也就太笨拙了。因为被创造物为达此目的全部行动，它所作为的全部规则，如果是由本能来规定的话，对它说来，要比由理性来规定更加适宜，更有把握来达到目的。如果上天决定把理性赐予所钟爱的创造物，那么，它所能做的事，也只能是对自然所与的幸福处境从旁欣赏，表示赞叹和喜悦，并对造福的原因感恩戴德而已，而不能把被创造物的欲望能力，置于自己既薄弱而又不可靠的指导之下，不能对自然加以干预。总而言之，自然要防止把理性用于实践，并且让它不作此非分之想，凭它那薄弱的省察力，自己就能设想出一个达到幸福的计划和完成计划的手段。自然不但为自己选择目的，也选择手段。它周密地考虑，把两者完全托付给本能。

事实上，一个理性越是处心积虑地想得到生活上的舒适和幸福，那么这个人就越是得不到真正的满足。由此，很多人特别是些最精明的人，如果他们肯坦白承认的话，在一定程度上产生了对理性的憎恨（Misologie）。因为经过策划，不论他们得利多少，且不说从日常奢侈品技术的发明，以至于从对他们最后仍不外是理智奢侈品的学问的受益，事实上他们所得到的始终是无法摆脱的烦恼，而不是幸福。于是他们对此就以嫉妒多于轻视而告终。这是那些宁愿服从自然本能的指挥，不愿理性对自己的作为更多干预的人的普遍心理。同时我们应该承认，不愿过高估计理性对生活幸福和满足的好处，甚至把它降低为零的人的意见，决不是对世界主宰的惠赐的抱怨和忘恩，在这种意见背后实际上包含着这样一种思想，人们是为了另外的更高的理想而生存，理性所固有的使命就是实现这一理想，而不是幸福，它作为最高的条件，当然远在个人意图之上。

396

理性，不但不足以指导意志对象和我们的要求，从某个角度来看，它甚至增加了这种要求。那与生俱来的自然本能，反倒可以更有把握地达到这一目的。我们终究被赋予了理性，作为实践能力，亦即作为一种能够给予意志以影响的能力，所以它的真正使命，并不是去产生完成其他意图的工具，而是去产生**在其自身**就是**善良的意志**。对这样的意志来说，理性是绝对必需的，如若自然在分配它的能力时，往往不是与所做的事情相一致的话。这种意志虽然不是唯一的善、完全的善，却定然是最高的善，它是一切其余东西的条件，甚至是对幸福要求的条件。在这种意义下，我们的看法就与自然智慧相一致了，这就是，为无条件目标培植所需的理性，至少在这个世界上要从各方面限制有条件目标，即幸福的实现。甚至使它变得一文不值。人们认为自然在这里不算没有达到目的。由于树立以善良意志为自己最高实践使命的理性，在实现这一意图时，所得到的也只能是一种己所独有的满足，也就是达到一个自身也为理性所决定的目的，而对爱好来说，当然并不满足于只是达到这样目的的。

397　　　为了展示自身就应该受到高度赞赏、而不须其他条件就成为善良的概念，这一概念为自然的健康理智本身所固有，故而不须教导，只要把它解释清楚就足够了。这一概念，在对我们行为的全部评价中，居于首要地位并且是一切其他东西的条件。我们在这里把**责任**（Pflicht）概念提出来加以考察。而这一概念就是善良意志概念的体现，虽然其中夹杂着一些主观限制和障碍，但这些限制和阻碍远不能把它掩盖起来，使它不能为人之所识，而通过对比反而使它更加显赫，发射出更加耀眼的光芒。

在这里，我且不谈那些被认为是和责任相抵触的行为，这些行为从某一角度看来可能是有用的，但由于它们和责任相对立，所以也就不发生它们**是否出于责任**的问题。我也把那真正合乎责任的行为排除在外，人们对这些行为并**无直接**的爱好，而是被另外的爱好所驱使来做这些事情。因为很容易分辨出来人们做这些合乎责任的事情是**出于责任**，还是出于其他利己意图。最困难的事情是分辨那些合乎责任，而人们又有**直接**爱好去实行的行为。例如，卖主不向无经验的买主索取过高的价钱，这是合乎责任的。在交易场上，明智的商人不索取过高的价钱，而是对每个人都保持价格的一致，所以一个小孩子也和别人一样，从他那里买得东西。买卖确乎是诚实的，这却远远不能使人相信，商人之所以这样做是出于责任和诚实原则。他之所以这样做，因为这有利于他。此外，人们也不会有一种直接爱好，对买主一视同仁，而不让任何人在价钱上占便宜。

所以，这种行为既不是出于责任，也不是出于直接爱好，而单纯是自利的意图。

在另一方面，保存生命是自己的责任，每个人对此也有一种直接的爱好。正是因为这个缘故，大多数人对此所怀抱的焦虑，是没有内在价值的，他们的准则并没有道德内容。保存自己的生命**合乎责任**，但他们这样做并**不出于责任**。反过来，假若身置逆境和无以排解的忧伤使生命完全失去乐趣，在这种情况下，那身遭此不幸的人，以钢铁般的意志去和命运抗争，而不失去信心或屈服。他们想要去死，虽然不爱生命却仍然保持着生命，不是出于爱好和恐惧，而是出于责任；这样，他们的准则就具有道德内容了。

尽自己之所能对人做好事，是每个人的责任。许多人很富于同情之心，他们全无虚荣和利己的动机，对在周围播撒快乐感到愉快，对别人因他们的工作而满足感到欣慰。我认为在这种情况下，这样的行为不论怎样合乎责任，不论多么值得称赞，都不具有真正的道德价值。它和另一些爱好很相像，特别是和对荣誉的爱好很相像，如果这种爱好幸而是有益于公众从而是合乎责任的事情，实际上是对荣誉的爱好，那么这种爱好应受到称赞、鼓励，却不值得高度推崇。因为这种准则不具有道德内容，道德行为不能出于爱好，而只能**出于责任**。设定情况是这样的，这个爱人的人心灵上满布为自身而忧伤的乌云，无暇去顾及他人的命运，他虽然还有着解除他人急难的能力，但由于他已经自顾不暇，别人的急难不能触动他，就在这种时候，并不是出于什么爱好，他却从那死一般的无动于衷中挣脱出来，他的行为不受任何爱好的影响，完全出于责任。只有在这种情况下，他的行为才具有真正的道德价值。进一步说，假定，自然并没赋予某人以同情之心，这个人虽然诚实，在性格上却是冷淡的，对他人的困苦漠不关心，很可能由于他对自身的痛苦具备特殊的耐力和坚忍性，于是他认为或者要求别人也是如此。假定，自然没能把这样一个决不能说是坏人的人，塑造成一个爱人的人，那么，与有一个好脾气相比，他不是在自身之内更能找到使自身具有更高价值的泉源吗？当然如此！那高得无比的道德品质的价值正由此而来，也就是说，他做好事不是出于爱好，而是出于责任。

399

保证个人自己的幸福是责任，至少是间接责任，因为对自己处境的不满，生活上的忧患和困苦，往往导致不负责任。即使撇开责任不谈，一切人对自身幸福的爱好，都是最大、最深的，因为正是在幸福的观念中，一切爱好集合为一个总体。只不过，幸福的规范往往夹杂着一些爱好的杂质，所以，人们不能从被称为幸福的满足的总体中，制订出明确无误的概念来。从而，某一个目标明确、获得满足时间具体的爱好，反而比一个模糊的理想更有分量些，这是毫不奇怪的。例如，一个风湿病患者，很可能采取尽情享受，不管来日痛苦的态度，因为，经过自己的权衡，他在这里不愿为了一个他日可从康复中得到幸福的、靠不住的期望，而放弃眼下的享受。然而，即使在这一事例中，如若不把对幸福的普遍爱好当成意志的决定因素，如若对他来说，至少在这一权衡中健康并非必须计入不可，那么，增进幸福并非出于爱好而是出于责任的规律仍然有效，正是在这里，他的所作所为，才获得自身固有的道德价值。

在《圣经》上不但爱邻人，甚至爱敌人的诫条，无疑应这样理解。因为爱作为爱好是不能告诫的，然而出于责任自身的爱，尽管不是爱好的对象，甚至自然地、不可抑制地被嫌弃，却是**实践的**而不是情感上的爱，这种爱坐落在意志之中，不依感受为转移，坐落在行为的基本原则中，不受不断变化着的同情影响；只有这种爱是可以被告诫的。

〔道德的第一个命题是：只有出于责任的行为才具有道德价值。〕第二个命题是：一个出于责任的行为，其道德价值不取决于**它所要实现的**意图，而取决于它所被规定的准则。从而，它不依赖于行为对象的实现，而依赖于行为所遵循的**意愿原则**，与任何欲望对象无关。这样看来，我们行动所可能有的期望，以及作为意志动机和目的的后果，不能给予行动以无条件的道德价值，是十分清楚的。如若道德价值不在于意志所预期的效果，那么，到什么地方去找它呢？它只能在**意志的原则**之中，而不考虑引起行动的目的。意志好像站在十字路口一样，站在它作为形式的先天原则和作为质料的后天动机之间。既然意志必须被某种东西所规定，那么它归根到底要被意志的形式原则所规定。如若一个行动出于责任，那么它就抛弃一切质料原则了。

400

　　第三个命题，作为以上两个命题的结论，我将这样表述：**责任就是由于尊重（Achtung）规律而产生的行为必要性**。作为我以前行为后果的对象，我可以爱好，然而从来不会**尊重**，因为它只不过是意志的效果，而不是意志的作用。同样，我也不会对爱好表示尊重，不论它是我自己的，还是别人的，我对自己的爱好只能是随其所好，而对别人的爱好有时会喜欢，因为把这种爱好看作是有利于我。只有那种作为根据而永远不会作为效果和我的意志相联系的东西，只有那不是助长爱好而是抑制它，才是诚条。一个出于责任的行为，意志应该完全摆脱一切所受的影响，摆脱意志的对象，所以，客观上只有规律，主观上只有对这种实践规律的**纯粹尊重**，也就是准则 ①，才能规定意志，才能使我服从这种规律，抑制自己的全部爱好。

401　　行为的道德价值并不在于它所预期的效果，也不在于以这种预期效果为动机的任何行为原则。因为，这些效果，处境的舒适，以至于他人幸福的提

---

① 准则（Maxime）就是意志的主观原则。客观原则就是实践规律，如果理性能完全掌握欲望的话，它对有理性的东西，主观上也有实践原则的作用。

高，都可通过另外的原因产生，而并不须有理性的东西的意志，而最高的、无条件的善却只能在这样的意志中找到。只有**为有理性的东西所独具的，对规律的表象**自身才能构成，我们称之为道德的，超乎其他善的善。因为，正是这种表象，而不是预期的后果，作为根据规定了意志。这种善自身已现存于按照规律而行动的人中，而不须从效果中才能等到它。①

---

① 人们也许要批评我，说我只是在文字的掩盖下，在一种混乱的情感中去寻找避难所，而不是通过理性概念来把问题说清楚。虽然尊重是一种情感，只不过不是一种因外来作用而**感到**的情感，而是一种通过理性概念**自己产生出来**的情感，是一种特殊的、与前一种爱好和恐惧有区别的情感。凡我直接认作对我是规律的东西，我都怀着尊重。这种尊重只是一种使我的意志服从于规律的意识，而不须通过任何其他东西对我的感觉的作用。规律对意志的直接规定以及对这种规定的意识就是尊重。所以，尊重是规律作用于主体的**结果**，而不能看作是规律的原因。更确切一点说，尊重是使利己之心无地自容的价值觉察。所以既不能被看作是对对象的爱好，也不能看作是对对象的恐惧，而是同时两者兼而有之。所以，尊重的**对象**只能是规律，是一种加之于自身的东西，并且是必然地加之于自身的东西。作为规律，我们毫无个人打算地服从它；作为自身加之于自身的东西，它又仍然是我们意志的后果。在前一种情况下，它类似于恐惧；在后一种情况下，又类似爱好。对于一个人的尊重，就是对诚实规律的尊重，这个人给我们树立了诚实的榜样。增长才干是我们的责任，所以一个才能出众的人被当作**规律的典范**，通过锻炼以达到和它相似，这就构成了我们的尊重。所有我们称之为道德关切或兴趣（Interesse）的东西，完全在于对规律的尊重。

402 　　一个什么样的规律，它的表象能规定意志，而不须预先考虑其后果，使意志绝对地、没有限制地称之为善的呢？既然我已经认为，意志完全不具备由于遵循某一特殊规律而来的动力，那么，所剩下来的就只有行为对规律自身的普遍符合性，只有这种符合性才应该充当意志的原则。这就是，**除非我愿意自己的准则也变为普遍规律，我不应行动**。如若想使责任不变成一个空洞的幻想和虚构的概念，那么，这样单纯的与规律相符合性就一般地充当意志的原则，不须任何一个适用于某些特殊行为的规律为前提，而且必须充当这样的原则。人的普通理性在其实践评价中，与此完全一致，而且在任何时候，都把以上原则作为准绳。

　　例如，有这样一个问题，在我无计可施之时，我可以有意地作不兑现的诺言吗？我很容易分辨这一问题所可能有的意义，作一个虚假的诺言是否明智，或者是否合乎责任。毫无疑问，人们所经常遇到的，是前一种情况。不过我认为，只在这种借口下来摆脱当前的困境是不够的；还必须进一步考虑到，和所摆脱的当前困境相比，这种谎言在以后是否会给我带来大得多的困境。而且，不管多么**机警**，我都难以预见到，一旦失掉信用，给我带来的不利，是否会比一切我现在所设法逃避的**厄运**都更大些；是否按照普遍准则做事更为明智些，并且要养成除非有意遵守就不作诺言的习惯。但我很快就看得清楚，这样一个准则仍然是以所担心的后果为出发点。现在可以看得出，出于责任而诚实和出于对有利后果的考虑完全是两回事情。在前一情况下，行为的概念自身中已经含有我所要的规律，在后一情况下，我还要另外去寻找有什么伴随而来的效果。所以，403 如果偏离了责任原则，就完全肯定的是恶；而违背一些明智准则还会对我有很多好处，虽然保持不变，当然更少担风险。为了给自己寻找一个最简单、最可靠的办法来回答不兑现的诺言是否合乎责任的问题，我只须问自己，我是否也愿意把这个通过假诺言而解脱自己困境的准则，变成一条普遍规律；也愿意它不但适用于我自己，同样也适用于他人？我是否愿意这样说，在处境困难而找不到其他解脱办法时，每个人都可以作假诺言？这样，我很快就会觉察到，虽然我愿意说谎，但我却不愿意让说谎变成一条普遍的规律。因为按照这样的规律，也就不可能作任何诺言。既然人们不相信保证，我对自己将来的行为，不论作什么保证都是无用的。即或他们轻信了这种保证，也会用同样的方式回报于我。这样看来，如若我一旦把我的准则变为普遍规律，那么它也就毁灭自身。

因此，用不着多大的聪明，我就会知道做什么事情，我的意志才在道德上成为善的。由于对世上事物没有经验，不能把握世事的千变万化，我只需询问自己：你愿意你的准则变为普遍规律吗？如若不是，这一准则就要被抛弃。这并不是由于对你和其他人会有什么不利，而是由于它不能成为一种可能的普遍立法的原则，对于这一立法原则理性要求我予以直接尊重。直到现在，我还**说不清**尊重的根据是什么，这可由哲学家去探讨，不过我至少可以懂得：这是对那种比爱好所中意更重要得多的东西的价值的敬仰。从对实践规律的**纯粹**尊重而来的，我的行为的必然性构成了责任，在责任前一切其他动机都黯然失色，因为，它是其价值凌驾于一切之上、自在善良的意志的条件。

这样，我们就在普通人的理性对道德的认识里，找到了它的原则。普通人的理性当然不能像这样在普遍形式中，区别思维的这种原则，然而实际上人们从来不曾忽视它，一直把它当作评判价值的标准。这里不难指出，手里有了这一指针，在一切所面临的事件中，人们会怎样善于辨别什么是善、什么是恶，哪个合乎责任、哪个违反责任。即使不教给他们新东西，只需像苏格拉底那样，让他们注意自己的原则，那么既不需科学，也不需哲学，人们就知道怎样做是诚实和善良的，甚至是智慧和高尚的。由此也可以推断，每一个人，以至于最普通的人，都能够知道，每一个人必须做什么，必须知道什么。所以，在这里人们难免奇怪，在普通人的知性中，实践的判断能力，竟远在理论的判断能力之上。在理论的判断能力方面，一个普通理性如果敢于无视经验和感性知觉，就要陷于不可理解和矛盾之中，至少要陷于不确定和混乱之中，陷于含糊和动摇之中。在实践的判断能力方面，普通知性却只有把一切感性动机排除在实践规律之外，判断力才表现自己的优越。至于追问自己的良心和别人的要求到底什么叫作正当，或者规定自己对某一行为价值的断言是否确切，就是件烦琐的事情了。值得注意的是，在对行为作公正的规定时，普通知性很有希望像一个经常自诩的哲学家那样。和一个哲学家相比，它甚至更有把握一些，因为两者掌握的原则是一样的，但哲学家的判断却为一大堆与事情本身不相干的计较所干扰，偏离正确的方向。所以，把关于道德的事物交给普通知性去判断，也许更令人满意些。最聪明的办法莫过于让哲学使道德体系更加完整、更加易懂，同时在使用上，特别是论证起来，更加方便，而不要让普通人的知性在实践意图上离开它可爱的单纯，并且通过哲学把它的研究和教导带到一条新路上去。

405　　　天真无邪当然是荣耀的，不过也很不幸，因为它难以保持自身，并易于被引诱而走上邪路。正因为如此，智慧——它本意是行动更多于知识——也需要科学，不是因为它能教导什么，而是为了使自己的规范更易为人们所接受和保持得更长久。人们在需要和爱好身上感到了一种和责任诫条完全相反的强烈要求，这种诫条是理性向他们提出并要求高度尊重，而需要和爱好的全部满足，则被总括地称为幸福。理性对爱好毫不让步，坚决地颁布了他的规范，那些受到忽视和轻视的要求，却不向任何诫条屈膝，坚持着而且看起来颇有道理。从这里产生了一种**自然辩证法**，一种对责任的严格规律进行论辩的倾向，至少是对它的纯洁性和严肃性（Reinig keit und Strenge）表示怀疑，并且在可能时，使它适应我们的愿望和爱好，也就是说，从根本上把它败坏，使它失去尊严。这种事情，就使普通的实践理性归根到底也不能被称为善良。

这样看来，**普通人的理性**并非由于某种思辨上的需要，在它还满足于健康理性的时候，这种需要是不会出现的，而是由于自己的实践理由，而走出了它的范围，踏进实践哲学的领域，以便对其原则的来源以及这原则正确的，和以需要和爱好为根据的准则相反的规定有明确主张和了解，使它脱离由对立要求产生的无所适从，不再担心因两可之词而失去一切真正基本命题。所以普通实践理性自己的发展，不知不觉地就产生了辩证法，迫使它求助于哲学，正如我们在理论理性里所看到的那样，除了对我们理性的彻底批判之外，再也不能心安理得。

第二章
从大众道德哲学过渡到道德形而上学

　　虽然直到现在我们都是从实践理性的普通用法中引申出我们的责任概念，但是，这决不等于说我们已经把责任当成一个经验概念了。更进一步，我们甚至可以这样说，在我们留意人们的所作所为的时候，经常有理由抱怨，在这样的经验中找不到一个完全的例子，说明人们有意出于纯粹责任而行动。同时，有些事情的发生，即使合乎**责任**的要求，那也很难断定，它们本身固然也**出于**责任，从而具有一种道德价值。所以，在每一个时代，都有一些哲学家完全否认，人们的行为会真实地有意出于责任。这些哲学家把一切都归于或多或少地提炼加工过的利己之心。但他们并不因此怀疑道德概念的正确性，而是以深切的惋惜之情来讲述人性的脆弱和腐败。人性的高尚虽足以把一个令人肃然起敬的理念当作自己的规范，然而它却太软弱了，所以无力恪守它。本来应该为人们立法的理性，却被用来为爱好的个别兴趣操劳。至多也不过是与他人保持其最大的一致罢了。

事实上，单凭经验决不可能确定无误地判别个别情况，判定一种在其他方面合乎责任的行为，其准则是否完全以道德理由为依据，以责任观念为基础。有时出现这种情况，尽管通过最无情的自我省察，除了责任的道德根据之外，我们找不出任何东西能有力量促使我们去进行这样或那样的善良活动，去忍受巨大的牺牲，但并不能由此就确有把握地断言，在那表面的理想背后没有隐藏着实际的自利动机，作为意志所固有的，起着决定作用的原因。我们总是喜欢用一种虚构的高尚动机来欺哄自己，事实上，即使通过最严格的省察，永远也不会完全弄清那隐藏着的动机。因为，从道德价值上说，并不是着眼于看得见的行为，而是着眼于那些行为的，人们所看不见的原则。

那些认为道德不过是人们由于浮夸而从头脑里

407

虚构出来的人，听到了责任全纯是从经验导引出来
（由于贪图安逸，人们极愿把这一原则应用于一切其
他概念之上）的议论，是最高兴不过的了；这为他
们的决定性胜利铺平了道路。出于对人类的爱，我
愿承认，我们行为的大多数是合乎责任的。然而，
如若进一步去看一看那些忙忙碌碌的活动，人们就
会到处碰到那个与众不同的、可爱的自我，这些活
动所着意的就是这个自我，而不是要求更多自我牺
牲的、责任的严格规定。随着年龄的增长，判断因
所获得的经验而更加敏捷，在观察中更加锐利，一
个冷静的观察者，不须成为德行的敌人，就不会把
对善良的热切愿望和它的现实混为一谈。有些时
候，他甚至怀疑在这个世界上是否能找到真正的德
性。我们关于责任的那些理想会全部幻灭，我们对
道德规律的真诚尊敬会从心灵上消失，除非我们有
408　一个明确的信念：尽管还没有这样从纯粹源泉涌流
出来的行为，但这里不是说这件事或那件事的出现，
而是说独立于一切经验的理性，它自己本身就会规
定那应该出现的事物出现。从而，对那些直到如今
世界上还无例可援的行为，尽管把经验看作是一切

基础的人，怀疑是否行得通，但仍毫不犹豫地接受
理性的规定。例如：即或直到如今还没有一个真诚
的朋友，但仍然不折不扣地要求每一个人在友谊上
纯洁真诚。因为作为责任的责任，它不顾一切经验，
把真诚的友谊置于通过先天根据而规定着意志的、
理性的观念之中。

　　更进一步说，除非有人否定道德概念的真理性、
否定它与某一可能对象的全部联系，他就不得不承
认，它的规律不仅对于人，而且**一般地**，对于**一切
有理性的东西**都具有普遍的意义；不但在一定条件
下，有例外地发生效力，而且是**完全必然地**发生效
力。所以，十分清楚，决不可把经验作为依据，来
推导这些必真规律的可能性。如若这些规律都是经
验的，没有充分先天地，在纯粹而又实践的理性中
获得它们的泉源，那么我们有什么权力让那也许在
偶然的条件下只适用于人类的东西，当作对每一有
理性东西都适用的普遍规范，而无限制地予以恪守
呢？我们有什么权力把只规定**我们**意志的规律，一
般当作规定每一个有理性东西的意志的规律，而归
根到底仍然还规定我们意志的规律呢？

对于道德，没有什么比举例说明更为有害的了。因为，任何所举出的例证其本身在事前就须对照道德原则来加以检查，看它是否值得当作原始例证，也就是当作榜样它并不增加道德概念的分量。就是圣经上的至圣，在我们确认他为至圣之前，也须和我们道德完满性的理想加以比较。关于自己他这样说道："什么使你把你所见到的我称为善？除了你所见不到的上帝之外，任何东西都不是善的，都不是善的原型。"那么，我们从什么地方得到作为至善的上帝的概念呢？只能来自理性所先天制订的道德完满性的理想，并和意志自由概念不可分割地联系在一起。模仿并不出现于道德之中，例证只能起鼓舞作用，也就是把规律所规定的东西变成可行的、无可怀疑的。它们把实践规则以较一般的方式表示出来的东西，变成看得见、摸得着的。但我们决不能以此为借口，把他们在理性中的真正原型抛在一边，只按照例证行事。

409

如若没有一条真正的最高原理不是独立于经验，而唯以纯粹理性为基础，那么我认为，要把这些先天建立起来的概念连同其所属原则一道展现在普遍中，展现在抽象中是不成问题的问题；这样的知识应该和普通知识区别开来，而称之为哲学知识，是不成问题的问题。在我们的时代，这样做是很有必要的。因为，倘使人们就这样的问题：要脱离一切经验的纯粹理性知识，其中包括道德形而上学，还是要普通实践哲学，进行集体表决的话，那么就很容易猜到，哪一方将得票最多了。

如果能把纯粹理性原则，事先加以提高，并令人充分满意了，然后再下降到常人的概念，这当然是值得欢迎的。也就是说，首先要把道德哲学**放在**形而上学**的基础**之上，等它站稳了脚跟之后，再通过大众化把它**普及开来**。而在这与基本原则的准确性有密切相关的研究初步阶段，就向大众化让步，这是完全不可思议的。这样的做法，永远不能期望得到真正**哲学大众化**的、极为难得的好处。因为人们全部放弃见解的彻底性，那就不会有任何形式为大众所理解，同时还会产生一种由混乱的观察和不成熟原则合成的、令人讨厌的杂拌。这种杂拌合于头脑浅薄的人的胃口，因为它可成为日常闲谈的资料；深刻一点的人，对此却感到惶惑，在毫无收获

410 中，弃之而去；至于那些看穿了这套把戏的哲学家，为了去取得正确大众化所必要的、深入确定的见解，号召暂时摆脱这种冒牌的大众化，却得不到响应。

如果有人只在那众所喜爱的趣味里寻找道德，那么他将要碰到的，一会儿是人性的特殊规定，其中包括理性本性自身的观念，一会儿是道德完善性，一会儿又是幸福，在这里是道德感，在那里是对上帝的畏惧，把这样一点，那样一点混在一起，成为难寻难觅的杂拌儿。他从来也想不到自问，在我们只能得之于经验的、对人性的认识中，是否到处都能找到道德原则，如果不是这样，如果这些原则完全是先天的，不沾带一毫经验，只能在纯粹理性中找到，而半点也不能在其他地方找到，那么，是否应当把这种学问作为一种纯粹实践哲学，或者用人家的贬义之词，道德形而上学①，完全区别开来，让它独立地使自身得到充分的了解，并劝慰急于大众

---

① 正如纯粹数学区别于应用数学，纯粹逻辑区别于应用逻辑，所以，如果愿意的话，人们也可把道德的纯粹哲学（形而上学）和道德的应用哲学，也就是应用于人性的哲学，区别开来。在指出这一点的时候，也请人们记取，道德原则是不以人性所固有的特点为基础，是自身先天常住的。从而，一切有理性东西的，其中包括人的实践规则，都来自这些原则。

化的公众耐心些，等待这一步骤的完成。

这样一种全然独立的道德形而上学，和任何的神学、任何的物理学或超物理学（Hyperphysik）都全无共同之点，和那些被人们称为下物理学（Hypophysik）的，潜在性质更少共同之点。它不仅是责任的、全部确定可靠理论知识的根基，并且是责任诸规范付诸实施的、必不可少的最重要的条件。这种纯粹的、清除了出自经验外来要求的责任观念，一般地说，也就是道德规律的观念，仅通过理性的途径，对人心产生了比人们从经验所得到的、全部其他动机都要强而有力的影响[①]，而理性正是在这里才第一次觉察到，它自己本身也竟是实践的。纯粹

411

[①] 我收到了已故的、卓越的苏尔采（John Georg Sulzer，1720—1779）一封信，在那里他问我，为什么那些关于德行的说教在理性看来头头是道，但却收效甚微。我因为想把问题研究得更充分些，而拖延了回答。这道理不在别处，而在于教导者本人就没有把这些概念弄纯净，为了加强他们从各方面搜求促使为善的动因，本意是想增大药剂的力量，却反而把它糟蹋了。可以很通常地看到，一个人认为善良行为，即使在极度窘困、多方引诱的条件下，也应该全不考虑是否能在这个世界上和另一世界上的利得，而以坚定的灵魂去做。果若如此，那么它就比同样的、只是多少受着不纯动机影响的行为，高出许多并使后者相形见绌。因为纯洁的行为可以提高人的心灵、鼓励人的意愿去做同样的事情。即使那些少年儿童也会受到感染，用这同样的态度而不用相反的态度去对待责任。

的责任观念在对自身尊严的意识中鄙视那些来自经验的动机，并逐渐成为它们的主宰。与此相反，一种混杂的道德学说，一种把出于情感和爱好的动机与理性概念拼凑在一起的学说，则一定使心意摇摆在两种全无原则可言的动因之间，止于善是偶然的，趋于恶却是经常的。

由此可见，第一，全部道德概念都先天地坐落在理性之中，并且导源于理性，不但在高度的思辨是这样，最普通的理性也是这样。第二，它们决不是经验的，决不是从偶然的经验知识中抽象出来的。第三，它们作为我们的最高实践原则，于是，在来源上具有了纯粹性，并且赢得尊严。第四，若是有人往这里掺杂经验，那么，行为就在同等程度上失去其真纯的作用和不受限制的价值。第五，从纯粹理性中汲取道德概念和规律，并加以纯净的表述，以至于规定整个实践的或者纯粹理性知识的范围，也就是规定整个纯粹实践理性能力的范围，不仅是单纯思辨上的需要，同时在实践上也是极其重要的。在这样做的时候，不能使这些原则从属于人类理性的某种特殊本性（虽然思辨哲学允许这样，但有时

甚至必须这样），而是一般地从有理性东西的普遍概 412
念中导引出道德规律来，因为道德规律一般地适用
于每个有理性的东西。从而，在**应用**于人的时候，
道德虽然需要人学，然而作为纯粹哲学，作为形而上
学首先要离开人学来充分说明（在这样完全不相同的
知识部门里区别对待并不困难）。请记住，如果不通
晓道德形而上学，那么我敢说，不但想对一切合乎责
任的道德因素作思辨的评价，是白费力气，就是在单
纯的普通实践使用中，首先是在道德教育中，也不可
能把真纯的原则作为道德的基础，以便提高道德情操
的纯洁性，引起人们对世界上最高的善的关注。

在这一著作中，为了不仅是从普通的，在这里
很值得重视的道德评价，像已经作了的那样，进展
到哲学的评价，而是从那种只能在例证中摸索的大
众哲学，通过各个自然阶段，进展到不再局限于经
验，而贯穿于本学科理性知识的整个内涵，径直达
到例证完全失去作用的形而上学，我们必须依次探
讨理性的实践能力，从它普遍规定的规则，直到责
任概念的来源，都加以详尽的描述。

在自然界中每一物件都是按照规律起作用。唯独

有理性的东西有能力按照对规律的观念，也就是按照原则而行动，或者说，具有**意志**。既然使规律见之于行动必然需要**理性**，所以意志也就是实践理性。如果理性完全无遗地规定了意志，那么，那些有理性东西被认作是客观必然的行为，同时也就是主观必然的。也就是说，意志是这样的一种能力，它只选择那种，理性在不受爱好影响的条件下，认为实践上是必然的东西，也就是，认为是善的东西。如若理性不能完全无遗地决定意志；如若意志还为主观条件，为与客观不相一致的某些动机所左右；总而言之，如若意志还不能**自在地**与理性完全符合，像在人身上所表现的那样，那么这些被认为是客观必然的行动，就是主观偶然的了。对客观规律来说，这样的意志的规定就是**必要性**（Nötigung）。这也就是说，客观规律对一个尚不是彻底善良的意志的关系，被看作是一个有理性的东西的意志被一些理性的根据所决定，而这意志按其本性，并不必然地接受它们。

对客观原则的概念，就其对意志具有强制性来说，称之为理性命令，对命令的形式表述称之为命令式（Imperativ）。

413

一切命令式都用**应该**（Sollen）这个词来表示，它表示理性客观规律和意志的关系，就主观状况（Beschaffenheit）而言，意志并不要由此而必然地被决定，是一种强制。人们说，做这件事好，做那件事不好，但听这话的意志，决不总是去做在它看来是做了好的事情。实践上善就是由理性观念决定意志，不过并不是出于主观原因，而是出于客观原因，也就是那些每一个有理性的东西，作为有理性东西都要接受的根据。它和**乐意**（Angenehmen）不同，乐意是由于只为这个人或那个人在感觉上接受的主观原因，通过感觉对意志发生影响，而不是作为理性原则，而为一切人所接受。①

---

① 欲望对感觉的依赖叫作**爱好**，所以总是表现为一种**需要**（Bedürfniss）。可偶然决定的意志对理性原则的依赖叫作**关切**。只有在并不经常与理性相符合的意志身上，才发现关切，在神圣的意志那里，没有人能找到关切。人的意志也可对某种事物**表示关切**，而并**不出于关切**而行动。前者是对行为的**主动**（Praktisch）关切，后者是对行为对象的**被动**（Pathologisch）关切。主动关切是意志对理性原则自身的依赖，被动关切则是意志，因爱好的关系，对这些原则的依赖，也就是说，理性只提供如何满足爱好需要的规律。在前一种情况下，我所表示关切的是行动，在第二种情况下，我所表示关切的是使我喜欢的行动对象。在前一章里，我们已经看到，一个出于责任的行为，是与对象的关切无涉的，它仅仅着眼于行为本身、着眼于它的理性原则、着眼于它的规律。

414　　　一个完全善良的意志，也同样服从善的客观规律，但它并不因此就被看作是**强制着**符合规律来行动的。因为它自身就其主观状况而言，就是为善的观念所决定的。从而命令式并不适用于**上帝**的意志，一般地说，不适用于神圣的意志，在这里，**应该**没有存身之地，因为意志自身就必然地和规律相一致。所以，命令式只是表达意志客观规律和这个或那个有理性东西的不完全意志，例如人的意志之间关系的一般公式。

　　　一切**命令式**，或者是假言的（hypothetisch），或者是定言的（kategorisch）。假言命令把一个可能行为的实践必然性，看作是达到人之所愿望的、至少是可能愿望的另一目的的手段。定言命令，即绝对命令则把行为本身看作是自为地客观必然的，和另外目的无关。

　　　任何的实践规律，没有不是把可能行为看作是善良的，从而对一个可以被理性实践地决定的主体来说，是必然的。所以，所有的命令式，都是必然地按照某种善良意志规律来规定行为的公式。那种只是作为**达到另外目的手段**而成为善良的行为，这种命令是假言的。如若行为自身就被认为是善良的，并且必然地处于一个自身就合乎理性的意志之中，作为它的原则，这种命令是**定言**的。

命令式说明，什么样可能的行为是善良的，并且提出与意志相关的实践规则，但意志并不因为行为是善良的就直接去行动。这一方面由于主体并不总是认得出行为的善良，另一方面，即或认得出，但主观的准则可能是和实践的客观原则相抵触。

假言命令表明，或者是从一定的**可能**角度，或者是从一定的**现实**角度来看，一种行为是善良的。在第一种情况下，它是**或然的**实践原则；在第二种情况下，它是**实然的**实践原则。定言命令宣称行为自为地是客观必然的，既不考虑任何意图也不考虑其他目的，所以被当作一种**必然的**实践原则。

415

人们能够把因某个有理性东西的力量而可能的东西，想为某一意志的可能意图，所以，那被认为实现有关意图所不可少的行为原则，在实际上是无限之多。一切科学都有一个实践部分，它的任务是向我们指出，什么样的目的是能够达到的，以及怎样去达到这一目的。这些为达到某种目的而作出的指示，一般地被叫作**技艺性**（Geschicklihkeit）命令。至于目的是否合理、是否善良的问题这里并不涉及，而只是为了达到目的，人们必须这样做。一个医生为把病人完全治愈作出的决定，和一个放毒者为了把人保证毒死作出的决定，就它们都是服务于**意图**的实现来说，在价值上没有什么两样。由于一个人在少年时代，不知道在生活中会遇到什么样的目的，所以做父母的，事先就让他们的孩子学习**各式各样**的事情，希望他们学会使用达到全部**随便什么**目的工具的**技艺**。因为他们没法确定，这目的是否会成为子弟的实际意图，在这时候，他将具有的意图就是**或然的**。由于迫切地希望学习技艺，他们竟普遍地忽略了，对所选为目的的事物的价值加以判断，和怎样校正这一判断。

然而，有**一个**目的，是为一切有理性的东西，作为命令的独立对象，所共有的实际前提，它不仅是一个**或然**具有的意图，而且是他们的确定无疑的前提，根据自然的必然性所**具有的**完整意图，这就是对**幸福**的意图。倘若把行为的实践必然性，看作是满足幸福要求的工具，这样的假言命令就是**实然**

的。不应该把这样的命令式看作是不可靠的，仅只
是或然意图的必然性，因为这个意图是每一个人所
先天确有的前提，属于每个人的本质。人们可以把　416
选择有关自己最大福利的工具的技巧，狭义地称为
机智（Klugheit）。① 从而，有关自己幸福的工具的
选择，是命令式，是机智指示，它总是**假言的**；行
动不是出自本身，而是作为实现另外目的的工具、
手段。

最后还有一种命令式，它直接决定人的作为，
而不须一个另外的通过某种作为而实现着的意图为
条件。这种命令式就是**定言命令**。它所涉及的不是
行为的质料，不是由此而来的效果，而是行为的形
式，是行为所遵循的原则。在行为中本质的善在于
信念。至于后果如何，则听其自便。只有这样的命
令式才可以叫作**道德命令**。

---

① 机智这个词有两层意思，它可以是指对世界事务的机智
（Weltklugheit），也可以是指对私人事务的机智（Privatklugheit）。
第一层意思是指一个人用手段去影响别人，以便把他用来实现自
己的意图。第二层意思是指一种计谋，把一切意图合在一起，为
自己的长远利益所用。后一层意思是主要的，前一层意思的价值
也要归结到这上面来，如果谁只在第一方面机智，在第二方面却
不机智，对他可以称为狡猾，但整个地说来并不机智。

以这三类原则为依据的意愿，可按对意志强制性的**不相等**，而加以明确的划分。为了使这种划分显而易见，我想最合适不过的是以此这样加以称呼。它们或者是技艺**规则**，或者是机智**规劝**，或者是道德**诚律**（规律）。只有规律才伴有**无条件必然性**的概念，客观的、普遍适用的**必然性**的概念，诚律就是必须服从的规律，即使和爱好所希望的后果相背驰，也必须执行。规劝所包含的必然性却只是在主观、偶然的条件下，在某个人把某件事认作是自己的幸福时，才起作用。与此相反，定言命令则不受任何条件的限制，是绝对而又具有实践的必然性，唯有它才是名副其实的诚条。人们也可以把第一类命令式称为技术的（technisch），属于工艺的命令；把第二类称为实用的（pragmatisch）①，属于福利的命令；把第三类称为德行的，属于自由作为，属于道德的

417

---

① 在我看来，只有这样，实践一词自身固有的意义才得到最准确的规定。**法规**（Sanction）之被称为**实践的**，乃是由于它并不来自国家的必然法律条文，而是对普遍福利的关怀。一本历史的编写是实践的，由于它能使人**机智**，教导世界如何去提高它的利益，至少尽力设法不比过去更差。

命令。

现在产生了一个问题：全部这些命令式是如何可能的？这问题并不是要求知道命令所规定的行为是如何完成的，而是怎样理解命令在所提任务中表现出的意志强制性。一个技术命令如何可能并不须解释，谁想要达到一个目的，如果理性对行为有决定性的影响的话，在力所能及的范围内，它就同样要求有达到目的所不可缺的手段，从意愿的角度看来，这种命题是分析的；因为，愿望所达到的目标，就是把它当作我的后果，这已经是把自己当作一个行动着的原因了，也就是把自己当作一个工具的使用者了。命令式从这个对目的意愿的概念中引申出来并达到这一目的、必然行动的概念来。要为一个既定意图去规定工具或手段固然需要综合命题，但它所涉及的不是根据和意志的活动，而是目标的现实。例如，为了按照一个可靠的原则，来把一条直线分为两个相等的部分，我就必须从直线两端作两个圆弧，数学家是用综合命题来讲授这一原则的。然而，当我知道了，只有通过这样的办法，才能产生预期的后果，我又想这一后果圆满实现，那么我就想要对此作出所必需的行动，这是一个分析命题。所以，把某物看作是通过我以某种手段而可能的后果，和把我看作是为达到此目的而以同样方式活动着，完全是一回事。

机智命令，如果只是简单地确定幸福概念，那么，就要和技术命令完全一样是分析的。因为在两种情况下，都是谁想要按照理性的必然要求，在力所能及的范围内达到目的，谁就想要为达此目的必不可少的手段。不幸的是，幸福是个很不确定的概念，虽然每个人都想要得到幸福，但他从来不能确定，并且前后一致地对自己说，他所想望的到底是什么。这种情况发生的原因在于：幸福概念所包含的因素全部都是经验的，它们必须从经验借来。同时，只有我们现在和将来幸福状况的绝对全体和最高程度才能构成幸福概念。所以，就是一个洞察一切、无所不能然而有限的东西，也不能从自己的当下愿望里造出一个确定的概念来。他想要财富吗？这将给他带来多少烦恼、忌妒和危险啊！他想要博学和深思吗？这可能只是使眼光更加锐利起来，以至于那些直到如今还没看见但却无法避免的恶邪，

引起更大的恐惧，并且把更多的要求加到本已使他
备受折磨的欲望之上。他想长寿吗？谁能向他保证，
这不会变成长期的痛苦呢。也许健康总是无害的？
然而虚弱的身体却可以避免一个完全健康的人所易
于陷入的放纵，这样的例子还可以举出很多。简而
言之，他不可能找到一个使他真正幸福的、万无一
失的原则。因为，只有无所不知才能做到这一点。
行为并没有一个获取幸福的确定原则，它只能听从
经验的劝导，例如生活要严肃、节俭，待人要礼貌、
谦虚等等，它们教导经验，要生活如意，在大多数
情况下这总是必要的。这样看来，机智命令，严格
地说，并不限定什么，并不把行为看作是客观的，
在实践上是**必然的**；它们与其说是理性诫命，还不
如说是理性的劝导；完全不可能一劳永逸地规定，
什么样的行为是有理性的东西得到幸福所普遍必需
的。从而，严格地说，机智命令不可能饬令去做使
人幸福的事情，因为幸福并不是个理性观念，而是
想象的产物。只以经验为依据，人们是不能期待经
验的根据会规定一个行为，因为这需要一个实际上
是无限的因果系列的全体。然而，人们如果承认，　419

他达到幸福的手段是万无一失的，那么这种机智命令也就是分析的实践命题了；它和技术命令的区别只在于，后者的目的只是可能的，而前者的目的则是所与的，两者都是给人们指定手段，以便达到预定的目的；在这两种情况下，命令都是对想达到目的人，指示他愿意所采取的手段，从而是分析的。所以，对于一个这样的命令式来说，它的可能性是没有困难的。

与此相反，**道德**命令如何可能，则无疑地是唯一需要回答的问题，它决不是假言的，从而，也不像假言命令那样，把自己的客观性建立在前提上。必须时时注意，不要通过例证，即通过经验，来证明在什么地方有这样一种命令式；却须小心提防，那全部看起来是定言的命令式，在骨子里倒很可能是假言的。例如，这样说：你不应言而无信，人们把避免这种情况的必然性，不应仅看作防止其他恶邪而提出的劝导或忠告，不应看作是这样的意思：你不应作不兑现的诺言，以免在谎言被揭穿之后失掉信用；而必须把这种行为本身看作就是坏事。从而诫律的命令是定言的。然而，人们并不能确定无误地通过例证证明，在这里意志是单纯被规律所决定。而不夹杂其他动机，虽然表面上看来如此。因为，对羞辱的暗中惧怕，或者对其他危险的模糊担心，可能经常对意志产生影响。当没有只不过意味着我们还不知道的时候，谁有权通过经验来证明一个原因的子虚乌有呢？在这种情况下，那表面上看来是定言的、无条件的所谓道德命令，实际上不过是一种实践规范，它依我们的方便有利而制定，并要求尊重。

　　所以，对**定言命令**的可能性我们完全要先天地加以研究。由于在这里，我们不便在经验中寻找它的现实性，所以仅能限于说明这种可能性，而不能证实这种可能性。当前有一点要记清，那就是只有定言命令才能算作实践规律，其余的，认真地说，只能被称为意志**原则**，而不能叫作**规律**。因为，那种仅对达到某种预定的意图是必然的东西，其自身则被看作是偶然的，任何时候只要我们放弃这意图，这样的规范对我们就无效了。意志**无条件的诫律则完全相反**，它是没有任意选择的自由的，它自身就具备我们要求于规律的那种必然性。

420

其次，在这种定言命题或定言规律方面，寻求其根据、发掘出它的可能性，却有巨大的困难。它是一个先天综合命题①，在理论认识中，寻求这种命题的可能性已有很多困难，所以容易推知，在实践领域里也不会更少。

在这一课题上，我们首先要研究，单只一个定言命令的概念，是否不能向我们提供一种公式，其中包括着唯一能成为定言命令的命题。因为，尽管我们知道了这种绝对诫条的主要内容，但是它如何可能的问题，还要我们在下一章里花很大的气力来特别解决。

一般说来，在设想一个假言命令的时候，除非我已知它的条件，事前并不知道它的内容是什么。但是，在我设想一个定言命令的时候，我立刻就知道它的内容是什么。因为命令式除了规律之外，还

① 我不以任何来自爱好的条件为**前提**，先天地、必然地，不过是客观地，也就是在一个对一切主观动因具有充分威力的理性观念之下，把活动和意志联系起来。同时这也是一个实践命题，这个命题不是把行动的意愿，分析地从另一个预设的意志导引出来，因为我们没一个这样完满的意志；而是把这意愿直接地和一个有理性东西的意志的概念，作为在它之内没有包含的东西，联系起来。

必然包含着与规律相符合的准则。① 然而规律中并不
包含限制自己的条件，所以除了行为准则应该符合
规律的普遍性之外便一无所有，而只有这样的符合
性，才使命令式自身当作必然的。

所以，定言命令只有一条，这就是：**要只按照
你同时认为也能成为普遍规律的准则去行动。**

现在，如果可以把这条命令作为原则，而推演
出一切其他命令式来，那么，尽管我们还弄不清，
那被认为责任的东西，是不是一个空洞的概念，但
我们至少可以表明，在这里我所想的是什么，这一
概念说明的是什么。

由于规定后果的规律普遍性，在最普遍意义下，
就形式而言，构成了所谓**自然**的东西，也就是事物
的定在，而这定在又为普遍规律所规定。所以，责
任的普遍命令，也可以说成这样：**你的行动，应该
把行为准则通过你的意志变为普遍的自然规律。**

---

① 准则（Maxime）是行为的主观原则，必须和客观原则，也就是
实践规律相区别。准则包括被理性规定为与主观条件相符合的实
践规则，而更经常的是与主观的无知和爱好相符合，从而是主观
行为所依从的基本命题。规律则是对一切有理性东西都适合的客
观原则，它是**行为**所应该遵循的基本命题，也就是一个命令式。

421

现在我们想举出几种责任，按照习惯分类，分为对我们自己和对他人的责任；完全的责任和不完全的责任。①

1. 一个人，由于经历了一系列无可逃脱的恶邪事件，而感到心灰意冷、倦厌生活，如果他还没有丧失理性，能问一问自己，自己夺去生命是否和自己的责任不相容，那么就请他考虑这样一个问题：他的行为准则是否可以变成一条普遍的自然规律。他的行为准则是：在生命期限的延长只会带来更多痛苦而不是更多满足的时候，我就把缩短生命当作对我最有利的原则。那么可以再问：这条自利原则，是否可能成为普遍的自然规律呢？人们立刻就可以看到，以通过情感促使生命的提高为职责的自然竟然把毁灭生命作为自己的规律，这是自相矛盾的，从而也就不能作为自然而存在。这样看来，那样的准则不可以成为普遍的自然规律，并且和责任的最

① 应该指出，关于责任的分类我们必须留待将来的《道德形而上学》，在这里，仅为了编排我们的例证，以便引用。此外，据我的理解，完全的责任不允许有利于爱好的例外，同时我认为不仅有外在的，还有内在的**完全责任**。这种理解是和经院中对这个词的理解背道而驰的，但在这里我并不为自己辩护，因为不论人们是否接受我的意见，并不妨碍我的意图。

高原则是完全不相容的。

2. 另一个人，在困难的逼迫下觉得需要借钱，他知道得很清楚，自己并无钱归还，但事情却明摆着，如果他不明确地答应在一定期限内偿还，他就什么也借不到。他乐于作这样的承诺，但他还良知未泯，扪心自问：用这种手段来摆脱困境，不是太不合情理太不负责任了吗？假定他还是要这样做，那么他的行为准则就是这样写的，在我需要金钱的时候我就去借，并且答应如期偿还，尽管我知道是永远偿还不了的。这样一条利己原则，将来也许永远都会占便宜，现在的问题只是，这样做对吗？我要把这样的利己打算变成一条普遍规律，问题就可以这样提出：若是把我的准则变成一条普遍原则，事情会怎样呢？从这里我们可以看到，这一准则永远也不会被当成普遍的自然规律，而不必然陷于自相矛盾。因为，如果一个人认为自己在困难的时候，可以把随便作不负责任的诺言变成一条普遍规律，那就会使人们所有的一切诺言和保证成为不可能，人们再也不会相信他所做的保证，而把所有这样的表白看成欺人之谈而作为笑柄。

3. 第三个人，有才能，在受到文化培养之后会在多方面成为有用之人。他也有充分的机会，但宁愿无所事事而不愿下功夫去发挥和增长自己的才干。他就可以问一问自己，他这种忽视自己天赋的行为，除了和他享乐的准则相一致之外，能和人们称之为责任的东西相一致吗？他怎能认为自然能按照这样一条普遍规律维持下去呢？人们可以像南海上的居民那样，只是去过闲暇、享乐、繁殖的生活，一句话去过安逸的生活，而让自己的才能白白地在那里生锈。不过他们总不会**愿意**让它变成一条普遍的自然规律，因为作为一个有理性的东西，他必然愿意把自己的才能，从各个不同的方面发挥出来。

4. 还有第四个事事如意的人，在他看到别人在巨大的痛苦中挣扎，而自己对之能有所帮助时，却想道这于我有什么关系呢？让每个人都听天由命，自己管自己罢。我对谁都无所求，也不妒忌谁，不管他过得很好也罢，处境困难也罢，我都不想去过问！如果这样的思想方式变为普遍的自然规律，人类当然可以持续下去，并且毫无疑义地胜似在那里谈论同情和善意，遇有机会也表现一点点热心，但

423

反过来却在哄骗人、出卖人的权利，或者用其他办法侵犯人的权利。这样一种准则，虽然可以作为普遍的自然规律持续下去，却不能有人**愿意**把这样一条原则当成无所不包的自然规律。作出这样决定的意志，将要走向自己的反面。因为在很多情况下，一个人需要别人的爱和同情，有了这样一条出于他自己意志的自然规律，那么，他就完全无望得到他所希求的东西了。

　　这就是实际责任的一些例子，至少我们认为它是实际责任，它的分类很显然，是按照同一个原则来进行的。人们必定**愿意**我们的行为准则**能够**变成普遍规律，一般说来，这是对行为的道德评价的标准。有一些行为，除非陷于矛盾，人们就不能把它的准则当作普遍规律，更**不能够愿意**它应该这样。在另外一些行为中，虽然找不到这种内在的不可能性，但是仍然不能够**愿意**把它的准则提高为普遍规律，因为这种意愿是自相矛盾的。人们很容易看出，前一种违背了严格的或狭义的责任，后一种违背了广义的责任。通过这些例子，显而易见，全部责任在约束力的类型上服从同一个原则，而不是在行为

424

的对象上服从同一个原则。

如果我们在违背责任的要求时留心体察，我们就会发现，实际上并不愿意自己的准则成为一条普遍规律，在我们看来也不能成为一条普遍规律；我们只是认为自己有这种自由，为了自己、为了便于爱好的满足，只有这一次，下不为例。从而，如若我们从同一个角度，从理性的角度来缜密地考虑一切，会发现我们的意志里就存在着矛盾。某一原则似乎在客观上必然是普遍的规律，然而在主观上却又不把它当作普遍的，而允许**例外**。我们于是一方面完全从理性的角度来观察自己的行为，另一方面又从受爱好影响的意志的角度来观察同一行为。所以，这里实际上并不存在矛盾，而是爱好和理性规范的对抗。原则的普遍性被看作普遍有效性，理性的实践原则和准则在狭路相逢。这种观点的正确性目前虽然尚待我们自己的、无偏见的评论所许可，它却证明了，我们实际上承认了定言命令的普遍有效性。在尊重定言命令的前提下，我们似乎只有在不得已的时候，被允许搞一点无关宏旨的例外。

425　　　到此为止，我们至少已经阐明了，如若责任是一个概念、具有内容，并且对我们的行动实际上起着立法作用，那么，这种作用就只能用定言命令，而不能用假言命令来表示。更重要的是，我们已经清楚地，不论用在哪里都不会模糊地阐明了，包含着全部责任原则的定言命令的内容。但是，我们还有没来得及先天地证明：这样的命令式确实存在着，有一种完全自为地起着作用而不需其他动机的实践规律，并且，责任就是对这样规律的服从。

为了证明上述种种，最重要的事情就是注意，千万不要从**人的本性的个别**性质，把这样原则的实在性引申出来。因为，责任应该是一切行为的实践必然性。所以，它适用于一切有理性的东西，定言命令只能应用于他们，**正是由于这种缘故**，它才成为对一切人类意志都有效的规律。事情恰恰相反，从人性的个别自然素质，从某种情感和嗜好，如果可能，甚至于从一种特殊的只为人类理性所固有而对一切有理性东西的意志并不必须起作用的倾向并不能引申出规律，只能引申出为我们所用的准则来，只能引申出为癖性和爱好所需要的行为的主观原则，却引申不出，尽管和我们全部癖性、爱好、自然素质相反，我们却**赖以**行动的客观原则来。因为，责任的诚命越是严厉，内在尊严越是崇高，主观原则起的作用也就越少，尽管我们起劲地反对它，但责任诚命规律性的约束并不因之减弱，也毫不影响它的有效性（Gültigkeit）。

事情很明显，哲学在这里面临危机，它需要一个固定的立足点，但不论在天上，在地下，它都找不到一个托身之处。在这里，它应该证明它是自己规律的真正主宰者，而不是一个代理人，只会说一些无关紧要的闲话。固然代理人也聊胜于无，但它究竟不能颁定那些理性的基本原理，这些原理当然是先天的，并且具有至高的尊严。人的一切都来自规律毋庸置疑的权威，来自对规律的无条件尊重，没有任何东西是来自人的爱好。若不然，就是践踏人，让他蔑视自己，让他满怀内心的憎恶。

这样看来，一切经验的东西，作为附属品不但对道德原则毫无用处，反而有损于它的真纯性。真正善良意志所固有的、无可估量的价值，正在于它的行为原则摆脱了一切只由经验提供的偶然原因的影响。我们要经常不断地提醒人们，警惕粗心大意，

426

警惕想在经验的原因中把握行为原则的浅薄方式。因为**人的理性**，在懒惰的时候喜欢睡在鸭绒枕上沉溺于梦幻之中，把一朵彩云当作女神来拥抱，把一个由各种不同因素凑成的，谁看来就像谁的混血儿充作道德。但在那曾经见过德性的真实面目的人就可看出来，它却完全不像德性（Tugend）。①

于是，这里提出了这样的问题：人们的行为任何时候都应该按照他们愿意当作普遍规律看待的那些准则来评价，这条规律对全部有理性的东西都是必然的吗？如若有这么样一条规律，它必定完全先天地和一个有理性东西的意志的概念结合在一起。然而，要想发现这种联系，人们却须摸索着向前再进一步，也就是进入形而上学，进入一个和思辨哲学互不相同的领域，进入道德形而上学。在实践哲学中我们并不寻求某事某物**发生**的根据，而是寻求某事某物**应该发生**的根据，这件事也许一次也不会发生。我们所探求的是客观规律，而不去探求某一 427

---

① 只有完全清除来自经验的杂质，去掉出于浮夸或利己之心的虚饰，德性的真实面目才显示出来。每一个人，只要他的理性还没有完全被抽象所糟踏，就会看到德性比那一切引起爱好的东西都更要光彩啊！

事物合意还是不合意的理由，不去区别满足是感觉的还是情趣的，不在情趣满足和理性的普遍满意之间进行区别；不去探求快乐和痛苦的基础，不问为什么欲望和爱好由此产生，并且在理性的帮助下制定了种种准则。因为这一切都属于经验心理学，它构成了物理学的第二个部分，它的规律以经验为依据，人们把它当作**自然哲学**。我们这里所谈的是实践的客观规律，也就是意志与自身的联系，它自身单纯为理性所规定，把一切与经验有关的东西都排斥在自身之外。因为，**如果理性只自身**规定行为，我们正要研究其可能性，并且只能先天地做这件事情。

　　意志被认为是一种**按照对一定规律的表象**（Vorstellung）自身规定行为的能力，只有在有理性的东西中才能够找到这种能力。设定目的就是意志自身规定的客观根据，那么，如果这一目的单纯是由理性确立，它一定也适合于一切有理性的东西。反之，那种只包含着行动可能性的根据的东西，就是**手段**（Mittel），这种行动的结果才是目的。欲望的主观根据叫作冲动（Triebfeder），意志的客观根据叫作动机（Bewegungsgründ）。所以，每个有理性的东西都要分清，哪个是来自冲动的主观目的，哪个是出于动机的客观目的。实践原则，在它完全不受主观目的影响时是**形式的**；当它以主观目的，从而以某种冲动为根据时，就是质料的。那些被一个有理性东西随意选为行动结果的目的、质料目的，都是相对的。因为只有和主体的某一特殊欲求相联系，它们才获得价值，所以这种价值不能对一切有理性的东西，也不能向每一意志提供普遍的、必然的原则，不能提供实践规律。这些相对目的仅仅是假言命令的根据。

428

如若有一种东西，**它的定在自在地**具有绝对价值，它作为**目的**能**自在**地成为一确定规律的根据。在这样东西身上，也只有在这样东西身上，才能找到定言命令的根据，即实践规律的根据。

我认为：人，一般说来，每个有理性的东西，都自在地作为目的而**实存**着，他**不单纯**是这个或那个意志所随意使用的**工具**。在他的一切行为中，不论对于自己还是对其他有理性的东西，任何时候**都必须被当作目的**。一切爱好对象所具有的价值都是有条件的，在爱好和以此为基础的需要一旦消失了，他的对象也就无价值可言。爱好自身作为需要的泉源，不能因它自身被期望而具有什么绝对价值，而每个有理性的东西倒是期望完全摆脱它。所以，一切为我们行动所**获得**的对象，其价值任何时候都是有条件的。那些其实存不以我们的意志为依据，而以自然的意志为依据的东西，如若它们是无理性的东西，就叫作**物件**（Sachen）。与此相反，有**理性**的东西，叫作**人身**（Personen），因为，他们的本性表明自身自在地就是目的，是种不可被当作手段使用的东西，从而限制了一切任性，并且是一个受尊重的对象。所以，他们不仅仅是主观目的，作为我们行为的结果而实存，只有**为我们的**价值；而是客观目的，是些其实存自身就是目的，是种任何其他目的都不可代替的目的，一切其他东西都作为手段为它服务，除此之外，在任何地方，都不会找到有**绝对价值**的东西了，假如一切价值都是有条件的，偶然的，那么，理性就在任何地方都找不到最高的实践原则了。

如若有这样一条最高实践原则，如若对人的意志应该有一种定言命令，那么这样的原则必定出于对任何人都是某种目的的表象，由于它是**自在的**目的，所以构成了人们意志的**客观**原则，成为普遍的实践规律。这种原则的根据就是：**有理性的本性**（**die vernünftige Natur**）作为自在目的而实存着。人们必然地这样表象自己实存，所以它也是人们行为的主观原则。每一个其他有理性的东西，也和我一样，按照同一规律表象自己的实存①；所以，它同时也是一条客观原则，作为实践的最高根据，从这里必定可以推导出意志的全部规律来。于是得出了如下的实践命令：**你的行动，要把你自己人身中的人性，和其他人身中的人性，在任何时候都同样看作是目的，永远不能只看作是手段。**下面让我们看一看，这一原则是否行得通。

这里还是用前面的例子。

第一，按照对自己的必然责任的概念，打算自戕的人可以问一问自己，他的行为是否和把人看作**自在目的**这一观念相一致，如果为了逃避一时的困

429

---

① 这里只把这一命题作为预设，其根据将见于末章。

难处境，他毁灭自己，那么他就是把自己的人身看作一个把过得去的境况维持到生命终结的**工具**。然而，人并不是物件，不是一个**仅仅**作为工具使用的东西，在任何时候都必须在他的一切行动中，把他当作自在目的看待，从而他无权处置代表他人身的人，摧残他、毁灭他、戕害他。为了避免误解，在具体讨论道德问题时，我们还要进一步规定这一基本命题，例如，为了保存肢体而截断肢体，冒了生命危险去保存生命等等，在这里就不多说了。

第二，至于对他人的必然责任或不可推卸的责任，一个人在打算对别人作不兑现的诺言时就看得出来，他这是把别人**仅仅**当作自己的**工具**，而不同时把他当作**自在目的**。通过这样的诺言，被用之于我的意图的那个人，不会同意我对待他的方式，从而他自己不可能忍受这一行为的目的。如果人们把对他人自由和财产的侵犯作为例子，那么显而易见，这种做法是破坏他人的原则。因为十分清楚，处心积虑地践踏别人的权利，是把别人的人格仅看作为我所用的工具，决不会想到，别人作为有理性的东西，任何时候都应被当作目的，不会对他人行为中

430

所包含的目的同样尊重。①

第三，至于对自己的偶然责任，或者说可嘉的责任（Verdienstliche Pflicht），行为只是和在人身中作为自在目的的人性不相抵触是不够的，它们还必须和人性相一致。现在，人性之中有获得更大完善的能力，这种完善也就**是在我们主体**之中，人之本性的目的，如若忽视这种目的，倒也并不妨碍把人性作为目的而**保存**，但却不能**促进**这一目的实现。

第四，至于对他人可嘉的责任，一切人所有的自然目的就是他自己的幸福，虽然除非有意地从这里有所得，就不会有人对他人幸福做有益之事。不过，与**自在目的的人性**相一致，在这里仍然是消极的，而不是积极的，倘若人们不尽其所能，促使他人所可能有的目的得以实现、如果这种看法对我**充**

---

① 人们不能把"己所不欲，勿施于人"这种老调子当作一个指导行动的原则和规则。因为这条原则，虽然有所不同但只不过是从前一条原则引出来的原则。还因为它不是一条普遍规律，它既不包含对自己责任的根据，也不包含对他人所负责任的根据。好多人都有这样一种看法，除非他有借口不对别人做好事，别人也就不会对他做好事。最后因为，它不是人们相互间不可推卸的责任，并且那些触犯刑律的人，还会以此为根据不服法官的判决，逃避惩罚。

分地起作用，那么，自在目的的主体的目的，一定会尽可能地也成为**我的**目的。

人性，一般说来，作为每人行为最高界限的理性本性是**自在目的**这一原则，不是从经验取得的。首先，由于它的普遍性，它适合于一切有理性的东西，这一点经验是不能做到的。**其次**，由于在这里，人性不是主观地被当作人实际上作为目的的对象，而是被当作作为规律而成为一切主观目的之最高条件，被当作客观目的，不管我们所想的目的是什么：所以它只能来自纯粹理性。一切实践立法都**客观地以规则**，以法规为根据，它的普遍形式，使它能够按照第一项原则成为规律，甚至可以说是自然规律；**它主观地以目的**为根据。按照第二项原则，一切目的的主体是人。从这里，于是引申出实践意志的第三项原则，作为自己和全部普遍实践理性相协调的最高条件，**每个有理性东西的意志的观念都是普遍立法意志的观念。**

按照这项原则，一切和意志自身普遍立法不一致的准则都要被抛弃，从而，意志并不去简单地服从规律或法律，他之所以服从，由于他自身也是个立法者，正由于这规律，法律是他自己制定的，所以他才必须服从。

前面所说的那些命令式，也就是行为像自然秩序那样和规律相符合，或者有理性的东西以其自身的普遍**优先权**（Zwecksvorzug）把全部关切都从自己命令式的决断中排除，以免其成为动机；它们正是为此而成为定言的。不过，它们只是被**当作**是定言的，如果人们想说明责任观念，就不能不把它们当作是定言的，我们不可能自为地证明，定言地、无条件地命令着的实践命题的存在，一般说来，在这一章更少有此可能。不过有一件事情可做，这就是，在命令式自身中，通过它所包含的规定来表明，在意愿时从责任中排除一切关切，这一点是定言命令区别于假言命令所特有的标志。现在，在原则的第三个公式中，也就是作为**普遍立法意志的**、每个有理性东西的意志的观念中，完成了这一工作。

在我们说到这样的意志的时候，尽管有的意志仍然由于对某种规律的关切而**服从这一规律**，但是自身作为最高立法者的意志，它却不可能依赖于某种关切，因为像这样没有独立性的意志自身就需要

432

另一种规律，以便把利己的关切限制在与普遍规律相适合的条件之下。

人的意志，作为通过它的全部准则而普遍立法的意志①，它的原则的合理性可以就定言命令而作进一步证明。只有这种原则从普遍立法的**观念**出发，**不以任何关切为根据**，在一切可能的命令式中只有它才是无条件的。如果我们把这一命题倒过来，也许更好些，如若有一种定言命令，有一种对一切有理性的东西都有效的规律，它只能这样地下命令：要把来自意志准则的一切，都看作是一个自身普遍立法的意志所制作的，因为只有这样，实践规律以及意志所服从的命令才是无条件的，才是不以任何兴趣为根据的。

在我们回到迄今为止在寻找道德原则上所做的一切工作，看到它们全部遭受失败是不会感到意外的。人们看到，人通过责任被规律所约束，但他们没有想到他所服从的只是**他自身所制定的**，并且是普遍的规律，没有想到他之所以受约束，只是由于

---

① 我想不必再举例来说明这个原则了，因为上面用来说明定言命令和它的公式的例子，在这里也可以同样适用。

必须按照其自然目的就是普遍立法的、他自身所固有的意志而行动。当人们认为，某人服从某种什么规律时，它必定产生一种关切或兴趣作为刺激或促进，因为这种规律不是从**他自己的**意志产生出来的，而他的意志被**另外某种东西**所迫使，以某种方式作符合规律的行动。从这一切所作出的必然结论是，为寻求责任的最高根据所做的一切努力，都无可挽回地失败了。因为人们从未**担当什么责任**，他的行为不过是出于某种关切的必然性而已。这种关切可能是他自己的，也可能是外来的。无论如何，命令总是有条件的，而不足以成为道德诫命，所以我把这样的基本命题，称为意志的**自律**（Autonomie）原则，而把与此相反的命题，称为**他律性**（Heteronomie）。

一切有理性的东西都把自己的意志普遍立法概念当作立足点，从这样的立足点来评价自身及其行为，就导致一个与此相关的、富有成果的概念，即**目的王国**（ein Reichder Zwecke）的概念。据我理解，王国就是一个由普遍规律约束起来的、不同的有理性东西的体系。由于目的普遍有效性是由规律来规

433

定的，所以如果抽象掉理性东西的个体差别，又抽象掉个体所私有的目的，人们将有可能设想一个在联系中有系统的、有理性东西的目的，也包括每个人所设定的个人目的。将有可能设想一个，按上述原则可能存在的目的王国。

每个有理性的东西都须服从这样的规律，不论是谁在**任何时候都不应把自己和他人仅仅当作工具，而应该永远看作自身就是目的**。这样就产生了一个由普遍客观规律约束起来的有理性东西的体系，产生了一个王国。无疑这仅仅是一个理想的目的王国，因为这些规律同样着眼于这些东西**相互之间**的目的和工具的关系。

434　　每个有理性的东西都是目的王国的**成员**，虽然在这里他是普遍立法者，同时自身也服从这些法律、规律。他是这一王国的**首脑**，在他立法时是不服从异己意志的。

每个有理性的东西，在任何时候，都要把自己看作一个由于意志自由而可能的目的王国中的立法者。他既作为成员而存在，又作为首脑而存在。只有摆脱一切需要，完全独立，并且在他的意志能力不受限制的条件下，他才能保持其首脑地位。

所以，道德和全部立法活动是不能分开的，而只有通过这种活动目的王国才成为可能。每一个有理性的东西，都赋有立法能力，规律或法律只能出于他的意志。他的原则就是：任何时候都要按照与普遍规律相一致的准则行动，所以只能是**他的意志同时通过准则而普遍立法**。假如，这些准则不能因其本性就和作为普遍立法的有理性的东西的客观原则相一致，那么遵从以上原则而行动的必然性，就叫作实践必然性，即**责任**。对目的王国的首脑并不课以责任，其中每一成员都须担负同等的责任。

依从这项原则而行动的实践必然性，责任决不能以情感、冲动和爱好为基础，而只能以有理性的东西的相互关系为基础，在这样的关系中，每个有理性的东西的意志，在任何时候都必须被看作是立法的意志，因为如若不然它就不是**自在目的**了。从而，理性把意志的每个准则都当作普遍规律和其他意志联系起来，同时也和对自身的每一行为联系起来。这种联系并不是由于其他什么实践动机或预期的受益，而是由于一个有理性东西的**尊严观念**，这种有理性的东西除了自己的立法之外，不服从任何其他东西。

目的王国中的一切，或者有**价值**（Preis），或者有**尊严**（Würde）。一个有价值的东西能被其他东西所代替，这是**等价**；与此相反，超越于一切价值之上，没有等价物可代替，才是**尊严**。

和人们的普遍爱好以及需要有关的东西，具有**市场价值**（Marktpreis）；不以需要为前提，而与某种情趣相适应，满足我们趣味的无目的的活动的东西，具有**欣赏价值**（Affectionspreis），只有那种构成事物作为**自在目的**而存在的条件的东西，不但具有相对价值，而且具有**尊严**。

所以，道德就是一个有理性东西能够作为自在目的而存在的唯一条件，因为只有通过道德，他才能成为目的王国的一个立法成员。于是，只有道德以及与道德相适应的人性（Menschheit），才是具有尊严的东西。工作上的灵巧和勤奋有市场价值；聪明和活跃的想象力富于情趣，有欣赏价值；相反，信守诺言、坚持原则并非出于本能的宽厚才具有内在价值。自然和人工的东西，并没有这些属性，所

435

以也不能代替它们，因为这些属性的价值并不在于
那些由此产生的后果，也不在于它们所具有的效益
和功用，而在于意向（Gesinnungen），在于意志的准
则。这准则虽然未必取得应得的结果，但以这样的
方式在行为中宣示出来。这些行为既不期求来自主
观意图的表彰，也不以直接造福于人而自许。它们
对此都漠然置之，无动于衷。他把自己进行这类活
动的意志，看作直接尊重的对象，唯有理性才能把
这些行为**加之于**意志，人们不能**诱使**意志这样行动，
归根到底，这总是和责任不相容的。这样的评价表
明，如此的思想方式就是尊严，它无限地凌驾于一
切价值之上，这价值若妄想与它相比较，总难免玷
辱它的圣洁。

那么，有什么根据把道德的善良意向或德性，作
如此之高的评价呢？这不过是因为，它给有理性东西
取得了普遍立法**参与权**，正是有了这种**参与权**，它才
有资格成为可能的目的王国的成员。作为自在目的，
有理性东西的本性就规定它为目的王国的立法者。对
一切自然规律来说，它都是自由的，它只服从自己所
制定的规律。它的准则，正是按照这些规律，才成为

436

它自己也服从的普遍立法。除了规律或法律所规定的价值，它没有任何价值。唯有立法自身才具有尊严，具有无条件、不可比拟的价值，只有它才配得上有理性东西在称颂它时所用的**尊重**这个词。所以自律性就是人和任何理性本性的尊严的根据。

以上所列举的观察道德原则的三种方式，归根到底，是同一规律的不同公式，其中每一个又包含着其他两者。它们之间虽然有着区别，不过这种区别与其说是客观实践的，还不如说是主观的，其目的在于通过某种类比使观念与直观相接近，由此并与情感相接近。一切准则都具有：

1. 一种表现为普遍性的**形式**、道德命令的公式，在这方面，就成为这样的：所选择的准则，应该是具有普遍自然规律那样效力的准则；

2. 一种作为目的的**质料**，这一公式这样说，有理性的东西，其本性就是目的，并且是自在目的，它对任何准则所起的作用，就是对单纯相对的、随意目的的限制条件；

3. 通过以上的公式，对全部准则作完整的规定，这就是：全部准则，通过立法而和可能的目的王国相一致，如像对一个自然王国 ① 那样。这一进程也正像意志诸范畴的进程一样，形式的**单一性**，意志的普遍性，质料的**众多性**，客体，也就是目的的众多性，及其体系的整体或**全体性**，在作道德的评价时，最好是以严格的步骤循序渐进，先以定言命令的形式作为基础，**你行为所依从的准则，其自身同时就能够成为普遍规律**。如果人们想给道德规律开辟一个入口，最好是让同一行为依次通过以上三个概念，并且用这样的办法，使它尽可能地和直观相接近。

437

　　我们可以结束在我们开始的地方，结束在一个无条件的善良意志。意志是**彻头彻尾善良的**，绝不会是恶，也就是说，如果把它的准则变成普遍规律，是永远不会自相冲突（Widerstreiten）的。从而，你在任何时候，都要按照那些你也想把其普遍性变成规律的准则而行动。这一原则就是善良意志的最高规律，这是意志永远不能自相反对的唯一条件，唯

---

① 目的论把自然当作一个目的王国；道德学则把一个可能的目的王国当作自然王国。在前一种情况下，目的王国是用来说明现存事物的理论观念。在后一种情况下，自然王国则是一个实践观念，要通过我们的行动，把尚未存在的东西变成现实也就是与实践观念相符合。

有这种命令式才是定言的，因为作为对可能行为的普遍规律的意志，其有效性类似于依照作为自然一般形式的普遍规律而形成的、实存事物的联系。从而，定言命令可以作这样表述：**你行动所依从的准则，要能同时使其自身成为像自然普遍规律那样的对象**，因此，这也就是彻底善良意志的公式。

这样看来，理性自然和其余自然的区别，就在于它为自己设定一个目的。这一目的，就是任何善良意志的质料。在彻底善良的意志的理念中，并不存在达到这种或那种目的的限制条件，一切**设想的**目的都必须被抽象掉，因为这样的目的使意志成为相对善良的，所以，在这里目的不是一个设想的目的，而是一个**自在的目的**，它只能从消极方面被思想，也就是永远不能有和它相违背的行动，永远不能只看作是工具，任何时候都必须当作任何意愿的目的而受到珍重。这一目的只不过是一切可能目的本身的主体，因为这一主体同时也是一个可能彻底善良意志的主体，若使这一意志适应于其他对象，就必定陷于矛盾。你的行动，对待每个有理性的东西，都同样遵循当作自在目的的准则，不论是自己

还是别人。这一原则和另一基本命题在本质上是同 **438**
样的，你的行为所依从的准则，需在自身中包含着
固有的、对每个有理性的东西的普遍有效性。在使
用工具于某一目的时，我应该把自己的准则限制在
以它的普遍性对任何主体都是规律为条件，这也就
等于说，目的的主体，有理性东西自身，任何时候
都不能被单纯当作工具，而是当作限制工具使用的
最高条件，也就是在任何时候都必须被当作目的，
这是一切行动准则的基础。

　　由此得出了一个无可辩驳的结论：任何一个作
为自在目的的有理性的东西，不论它所服从的是什
么样的规律，法律必定同时也要被看作是普遍立法
者。正由于它的准则如此便于普遍立法，有理性的
东西才以其自在目的而与众不同，同时也使它自身
具有超乎一切自然物的尊严与优越性。它的准则任
何时候不但要从自身的角度出发，也要从任何作为
立法者的、其他有理性的东西的角度出发，它们也
正是为此而被称为人身。按照这样的方式，一个有
理性的东西的世界，才有可能作为目的王国，并且
通过自己的立法，把一切人身作为成员。因此，任

何一个有理性的东西的行为，要以任何时候都好像自己是普遍目的王国中一个立法成员为准则。这些准则的形式原则是：你的行动，应该使自己的准则，同时对一切有理性的东西都是普遍规律。一个目的王国，只有和自然王国相类似才有可能，前者依从准则，依从加于自身的规则，后者是依从由外因起作用的必然规律，尽管人们把整个自然界看成机器，但由于它把有理性的东西当作目的，而与它相关联，以此为根据，也名之为自然王国。像这样的目的王国将要通过准则变为现实，这些准则借助于它们的规则把定言命令加于有理性的东西，**以便它们受到普遍服从**。一个有理性的东西，尽管他自身一丝不苟地按照准则行动，却不能指望其他的人对此也都同样地恪守不渝，也不能指望自然王国和它井然的次序以及他作为一个由他而可能的目的王国合格成员相一致，也就是说，不能指望他对幸福的

439　祈求得到满足。尽管如此，你的行为所依从的准则，只能是可能目的王国普遍立法成员的准则，这个成员具有颁布定言命令的充分力量，这一规律依然有效。不过在这里就出现了一种悖论（Paradoxon），唯

有作为理性自然的人的尊严，不计由此而达到的目的和效益，从而唯有对理念的尊重，才能成为意志不可更易的规范，同时准则的崇高正在对一切这类动机的独立性之中。每一有理性的东西的这种尊严，使他成为目的王国的一个立法成员。因为，若不然，它就必须服从自己所需要的自然规律了。虽然可以设想，自然王国和目的王国在一个最高主宰之下是统一的，这样，目的王国就不只是个观念，而具有真正的实在性，同时，它的动机的力量也得到加强，虽然并不增多它的内在价值。尽管如此，这位全然不受限制的立法者自身，仍然被认为，只从人们的大公无私，只从赋予人们以尊严的理念来评价那些有理性的东西的行为，事物的本质并不因外在关系而改变，只有那些与此无关的东西，才构成人的本质，不论是谁，甚至于最高存在，也必须从本质来评价。从而，**道德**就是行为对意志自律性的关系，也就是，通过准则对可能的普遍立法的关系。合乎意志自律性的行为，是**许可的**（erlaubt），不合乎意志自律性的行为，是**不许可的**（unerlaubt）。其准则和自律规律必然符合的意志，是**神圣的**、彻底善良的意志。一个不彻底善良的意志对自律原则的依赖及道德的强制性（Nötigung），是**约束性**（Verbindlichkeit），出于约束性的行为客观必然性，称为**责任**。

从以上所说，人们就容易明白，虽然在责任概念上，我们感到对规律的服从，然而我们同时还是认为那些尽到了自己一切责任的人，在某种意义上是崇高的、**尊严的**。他之所以崇高，并不由于他服从道德规律，而是由于他是这规律的**立法者**，并且正因为这样，他才服从这一规律。上面我们已经指出，既不是恐惧，也不是爱好，完全是对规律的尊重，才是动机给予行为以道德价值。只有在其准则可能是普遍立法的条件下才行动的意志，才是人们可能的理想意志，才是固有的尊重对象。人类的尊严正在于他具有这样的普遍立法能力，虽然同时他也要服从同一规律。

作为道德最高原则的意志自律性

意志自律性，是意志由之成为自身规律的属性，而不管意志对象的属性是什么。所以自律原则就是：

在同一意愿中，除非所选择的准则同时也被理解为普遍规律，就不要作出选择。这一实践规则是个命令式，也就是说，任何有理性的东西的意志，都必然地受到它的约束。但这命令式，却不能通过解剖其中的概念来证明，因为它是一个综合命题。我们必须从对象的认识，进而到主体的批判，到纯粹实践理性批判，因为这一必然的综合命题，定要完全先天地来认识，这不是当前这一章所要做的事情。但我们通过道德概念的解剖却完全能揭示出，自律性是道德的唯一原则。因为，经过解剖就会发现，道德原则必定是个定言命令，而这命令所颁布的，不多不少恰好是自律性。

作为道德的一切非真正原则泉源的意志他律性

如若意志在它准则与自身普遍立法的适应性之外，从而，走出自身，而在某一对象的属性中去寻找规定它的规律，就总要产生**他律性**（Heteronomie）。因此，不是意志给予自身以规律，而是对象通过和

441

意志的关系，给予意志以规律。这样的关系，不论以爱好为基础，还是以理性表象为基础，所发出的只可能是假言命令，**由于我意愿另一种什么东西，**所以我要做某件事情。道德的或定言的命令，则与此相反地说，我不是意愿另外什么东西而这样那样地行动。例如，前一种人说，为了保持信誉，我不应该说谎。后一种人则说，尽管于己毫无不利之处，我也不应该说谎。从而，自律的人应该摆脱一切对象，使对象不能左右意志，所以，实践理性、意志，就用不着忙于管束异己的关切，而只是证明自己的威信就是最高的立法。例如，我应该努力提高他人的幸福，并不是从他人幸福的实现中得到什么好处，不论是通过直接爱好，还是间接理性得来的满足，而仅仅是因为，一个排斥他人幸福的准则，在同一意愿中，就不能作为普遍规律来看待。

以他律基本概念为依据的一切可能道德原则的分类

在这里和在别处一样，未经批判之前，人类理性要经过一切可能的歧途，才走上唯一的正确道路。

从这一角度来看，一切原则或者是**经验的**，或者是**理性的**。**前者以幸福**原则为出发点，以自然的或道德的情感为依据；**后者以完善**（Vollkommenheit）原则为出发点，它或使完善的理性概念发生可能的效用，或者使独立的完善性、神的意志，为决定原因。

442

那些**经验原则**，不论在哪里，都不适于作道德规律的基础。因为，如果道德规律立足于人性的特殊结构，或者立足于人之所处的偶然环境，它们就不会有对一切有理性的东西都有效的普遍性，也不会有由此给予有理性的东西以实践必然性。**个人幸福**之所以必须排斥，并不仅仅因为这个原则是虚假的，经验已经证明，人的处境良好，他的行为也随之良好的设想，是完全站不住脚的；也不仅仅因为这个原则对道德的建立全无用处。因为使一个人成为幸福的人，和使一个人成为善良的人决非一回事，一种为自己占便宜的机智和一种使自己有德行的机智，全不相干；而是因为，这个原则向道德提供的动机，正败坏了道德，完全摧毁它的崇高，它把为善的动机和作恶的动机等量齐观，只教我们去仔细计量，完全抹杀了两者的特别区别。另一方面，把道德感，这种被认为特殊的情感①，请出来也同样作用甚微，那些不会思想的人，相信**情感**会帮助他们找到出路，甚至在有关普遍规律的事情上也通行无阻。然而，在程度上天然有无限差别的情感，是难于给善和恶提供统一标准的，而且一个人感情用事，也不会对别人作出可靠评价；不过情感却是和道德及其尊严相接近的，因为，它使德行幸而能直接承受对它的满意和称颂，而不须当面对它说；人们追求它并不是由于它的美好，而是由于它的有用。

在那些道德的**理性**原则之中，完善性的本体论概念胜于神学概念，尽管它是空洞的、不确定的，不能在广漠无垠的、可能实在领域里，找出那大量的、与我们相吻合的东西。它同样也不能把这里所讨论的实在性和其他实在性区别开来，找出它们的特点。它要不可避免地陷于循环论证，不能不把应该去阐明的道

---

① 我把道德感原则也算作幸福情感，因为任何一种实践上的关切，都通过事物所提供的满足而增加人的舒适，不管这种关切是直接的不计利得，还是考虑到利得而发生。我们也必须与赫奇森（Hutcheson）一样，把对他人幸福的同感原则，也算作他所认为的道德感。

德，暗中当作为前提。神学概念是从绝对完善的神圣意志引申出来的，它之所以不如本体论概念，不仅仅是因为我们无法直观它的完善性——除非我们从自己的概念引申出来，而其中最重要的就是道德概念——而是因为，在我们这样做的时候，在这种阐明中就要发生循环论证；所剩下来的关于神圣意志的固有属性，就是对荣誉和主宰的欲求，并且和对威力和报复的恐惧观念结合在一起，若把这样一个道德体系作为基础，是直接和道德背道而驰的。

道德感概念和一般完善概念，两个概念虽然完全不能作为基础，但至少不会削弱道德，如若在这两个概念之间进行选择，我将选择后者，因为它至少使问题的决断离开感性，并引导到纯粹理性的法庭上；虽然它并无所断定，然而却将自在善良的意志的理念，无损地保存下来，以待进一步规定。

最后，我想可以不去对这些学说做详尽的反驳。这种反驳并不困难，那些因职务关系，由于听众要求，不能不对两者之一作出说明的人，也许就会说得很清楚，以至于这种反驳成为多余的事了。在这里，我想着重指出，这些原则给道德提供的最初基础是意志的他律性，正是因为这个缘故，所以必然是文不对题。

444　　　不论在什么地方，如果为了对意志加以规定，而把意志的对象当作规定的基础，那么这样的规定只能是他律性，这样的命令只能是有条件的。这就是：**如果**或者**因为**某人意愿这一对象，所以他应该如何，如何行动。从而，它永远不会是道德命令、定言命令。不论对象是通过爱好，如像个人幸福原则那样规定意志，还是通过一般地以我们可能意愿对象为目标的理性，如像完善原则那样规定意志。在这里，意志永远不能**直接地**通过行为的表象来规定自身，而是借助于行动对意志的预期效果，把预期效果作为动机来规定自身：**我应该做某种事情，乃是因为我意愿另一种事情**，在这里，我主观上，一定还有另外的规律作为基础，按照这一规律我必然意愿另外的东西，这样的规律又要求一种命令来限制这种准则。作用于主体意志的动因，通过对主体自身力量所得结果的表象，而与主体的结构相一致。这样的动因隶属于主体的本性（Natur），或者它的感性、爱好和情趣，或者它的知性和理性，所以，严格地说，正是自然造成规律。这样的规律，本来只不过是自然的规律。像这样的规律不仅通过经验而认识，还必定通过经验来证明，所以，其本身是偶然的，不足以成为其中也包括道德规则的必然实践规则，**它永远只不过是意志的他律性**，意志不是自己给自己以规律，而是由一个异己的动因，通过被规定来接受规律的主体的本性，给予意志以规律。

一个彻底善良的意志，它的原则必定表现为定言命令，包含着**意志的一般形式**，任何客体都不能规定它，它也就是作为自律性。由于它，一切善良意志，才能使自己的准则自身成为普遍规律，也就是每个有理性的东西加于自身的、唯一的规律，不以任何动机和关切为基础。

这样的**实践综合命题**如何先天的可能，为什么它是必然的，这个课题在道德形而上学的范围内是完成不了的。在这里我并不坚持它的真理性，更不自认有力量来证明这种真理性。以上我们只是通过众所周知的道德概念的发展指出：有一个自律性和这样的概念直接联系着，甚至可以说成为它的基础。任何人，如果把道德当作实在的东西，而不是当作 445

虚构的观念，他就必须接受所提出的道德原则。这一章和前一章一样，所用的都是分析方法。设若定言命令以及意志的自律性是真实的，并且作为一种先天原则是彻底必然的，从这里就得出结论，道德不是头脑的产物。但是这一结论，又须以纯粹实践理性的可能综合应用为前提。但是除非先对这种理性做一番批判，我们就不敢综合应用。在最后一章里，我们只限于按照我们的需要，对这一问题举出其主要线索。

第三章
从道德形而上学过渡到纯粹实践理性批判

自由概念是阐明意志自律性的关键

意志是有生命东西的一种因果性，如若这些东西是有理性的，那么，**自由**就是这种因果性所固有的性质，它不受外来原因的限制，而独立地起作用；正如**自然必然性**是一切无理性东西的因果性所固有的性质，它们的活动在外来原因影响下被规定。

以上是对自由的消极阐明，因此不会很有成效地去深入到自由的本质。不过，从这里却引申出了自由的**积极**概念，一个更富于成果的概念。因果概念就伴随着规律概念，根据这一概念，另一东西，也就是结果，通过某个称为原因的东西而被设定。所以，自由尽管不是得之于自然的、意志所固有的性质，但并不是无规律的，而是一种具有不变规律的因果性。它不过是另一种不同的规律罢了；如若不然，自由意志就变成荒唐（Unding）了。自然必然性，是一种由作用因所构成的他律性；因为在这种因果性中，任何结果，只有按照作用是其他东西的规律，才有可能；那么，意志自由就只可能是自律性了，这就是说，意志所固有的性质就是它自身的规律了。意志的一切行动都是它自身规律这一命题，所表示的也就是这样的原则：行动所依从的准则必定是以自身成为普遍规律为目标的准则。这一原则也就是定言命令的公式，是道德的原则，从而自由意志和服从道德规律的意志，完全是一个东西。

446 [447]

如果设定了意志自由，通过对概念的分析，就可以从这一前提，把道德及其原则推导出来。然而，原则乃是一个综合命题：一个彻底善良的意志，也就是那种其准则任何时候都把普遍规律当作内容的意志。因为，通过对彻底善良意志概念的分析，并不能发现准则这种固有的性质，这样的综合命题只有通过一个与双方都有关系的第三者，把两种认识相互联系起来才有可能。自由的积极概念提供了这第三者，它不像物理原因那样，具有感性世界的本性，在感性世界概念里，一个作为原因的概念只有和**另一个**作为结果的概念相联系着才能出现。在这里我们还不能指出，自由所向我们显示的我们对它先天就具有观念的这第三种知识是什么，也不能使人清楚了解自由概念是怎样从纯粹实践理性中演绎出来的，并且同时清楚了解定言命令的可能性，而是要再做一些准备工作。

自由必须被设定为一切有理性东西的意志所固有的性质

如若我们没有充足理由，使一切有理性的东西都享有自由，不论以什么为根据，也不足以赋予我们的意志以自由。就我们单纯是有理性的东西而言，道德对于我们既然作为规律，那么它对一切有理性的东西当然也是有效的。并且，道德既然是从自由所固有的性质引申出来，那么，就证明自由是一切

有理性的东西的意志所固有的性质，自由不能由某

448 种所谓对人类本性的经验来充分证明的。这样的证明完全不可能，却能先天地被证明。所以，人们必须证明它一般地属于具有意志的有理性的东西的行动。我这样说：每个只能按照**自由观念**行动的东西，在实践方面就是真正自由的。这也就是说，一切和自由密不可分的规律都被认为是自由的，正如在理论哲学中意志也被说成是自由的一样。① 我主张，我们必须承认每个具有意志的有理性的东西都是自由的，并且依从自由观念而行动。我们想，在这样的东西里有种理性，这就是实践理性，具有与其对象相关的因果性的理性。我们不可能设想，理性会有意识地在有关判断的事情上接受外来的干涉，因为这样，主体就不是把判断力的规定给予自己的理性，而是给予外在的动力了。理性必须把自身看作是自己原则的创始人，摆脱一切外来的影响。所以，它

---

① 我认为，像这样把自由**观念**看作是有理性东西**依之**而行动的基础就足够了，没有必要从理论角度来证明自由。如若我们不来作这种证明，那么那些约束一个真正自由东西的规律，也就同样适用于只能按照自己对自由观念而行动的东西了。这样，我们就能够解脱压在理论上的重担。

必须把自身看作是实践理性，看作是有理性的东西的。自身即是自由的意志，只有在自由观念中，才是它自身所有的意志，在实践方面，为一切有理性的东西所有。

与道德观念相联系着的关切

最后，我们已经把具有规定性的道德概念转化为**自由观念**，但是，不论在我们之中，还是在人类本性之中，我们都不能证明，自由是某种真实的东西。仅仅是在我们看来，如果我设想一个东西是有理性的，并且具有对自身行为因果性的意识，即具有意志的话，就必须设定自由为前提。这样我们就发现，据同样的理由，我们必赋予每个具有理性和意志的东西以依照其自由观念而规定自身去行动的固有性质。

以自由观念为前提，就可以意识到这样一条行动规律：行为的主观原则、准则，在任何时候都必须同时能够当作客观原则，当作普遍原则，当作我们的普遍立法原则。为什么我，一般地作为有理性的东西，要服从这一原则，同时一切其他有理性的东西，也都服从这一原则呢？我须承认，不论对什么的关切或兴趣都不能**促使**我这样做。因为关切不能发布定言命令。不过，在这里却必然地引起了我的关切，并且清楚它起着什么作用。于是这样的应该本来就是一种愿意。这一情况，对任何有理性的东西都适用，假若它的理性在实践上不受阻碍的话。有一些和我们一样的人，把感性当作一种另外的动力，并不只是做理性所要求做的事情，对于这些人来说，行动的必然性才是应该，主观必然性和客观必然性相分离。

这样看来，道德规律，意志自律性原则，自身似乎只是在自由观念中作为前提而存在，我们既不能证明它的实在性，也不能证明它本身的客观必然性。尽管如此，在这里我们所获得的结果也是可观的，因为，我们对真正原则所作的规定，至少比以前更确切了。不过，在这些原则的效用以及服从于它的实践必然性方面，我们还是毫无进展。因为，为什么我们的准则，作为一种规律，它的普遍性必须是限制我们行动的条件，为什么我们认为这种行为的价值，比对任何事物的关切都要高。并且凭什么相信只有这样，人们才感到自己人格的价值，与此相比，一切个人的得失都无足轻重。对于这些问题，我们都没有令人满意的回答。

有时候，我们确实会对一种与实际状况并无干系的个人品质感到关切，希望在理性有此意向的时候，这种品质使我们能够置身于这种状况。例如，使人值得幸福的价值，就其自身就是令人感到关切的，尽管促成置身这种幸福状况的根据尚不具备。这一判断实际上是从道德重要性的前提所得出的结论。假设我们是通过自由概念，而与对一切经验的关切脱离关系。虽然，我们和关切决裂，把自己看作是行动自由的；然而，为要自己的人格有价值，我们还是要服从某种规律，这种价值补偿了我们在实际状况方面所遭受的全部损失。这种事情如何可能，**道德规律的约束性**由何而来，我们还是找不到答案。

这里清楚表明，人们必须公开承认有一个似乎无可逃脱的循环。为了把自己想成在目的序列中是服从道德规律的，我们认为自己在作用因的序列中是自由的。反过来说，我们由于赋予自身以意志自由，所以把自己想成是服从道德规律的。自由和意志的自身立法，两者都是自律性，从而是相交替的概念，其中的一个不能用来说明另一个，也不能作为它的根据。最多不过是从逻辑的角度，把同一对象的不同表象归结为一个单一的概念，正如把不同的同值分数化为最简式一样。

我们还剩下一条出路，那就是研究一下：在我们认为自己是通过自由而起作用的先天原因时候的观点，和认为自己的行动是我们眼前所见结果的观点，是否并不相同。

既无须仔细思考，也不用过多才智，一个极其普通的人，按照他所特有的方式，用他名之为情感的模糊的判断力就能发表这样的见解：一切不随我们意愿而得到的表象，如感觉表象，向我们所提供有关对象的知识，只能如像它们作用于我们那样，至于对象自身是个什么样子，那就不是我们之所知了。至于这些表象到底是什么，不论知性如何仔细和审慎，所能认识到的只不过是**现象**，而永远认识不到**那些事物自身**。这种区别之所以形成，也许由于我们见到了由另外方面而来的使我们感到被动的表象，以及由我们自身所产生的证明了自身能动的表象之间的差异。但这种区别一旦形成，就必然会得出结论：在诸般现象的背后，还另有一种没有显现出来的东西，这就是那些自在之物。人们必须相信并且接受这个结论，我们自己也清楚，我们永远也不会知道这些自在之物，我们所知道的，只是它们对我们的作用，但我们却永远不能和它们相接触，永远也不会知道，它们是什么。这一区别，以粗陋的形式提出了感性世界和知性世界的划分。前一世界，由于感觉的不同，所以在不同的对世界的观察者中，是千差万别的，而作为感性世界的基础的知性世界，却是始终如一。所以，一个人通过由内部感受得来的知识，是不能够知道他自己是个什么样子的。因为，他自己全然不能创造自己，他不能够先天地而只能是经验地得到有关自己的概念。很自然，他只能通过内感觉，通过自己本性的现象，通过自己意识的被作用方式，而知晓自己。并且，除了这种完全由现象拼凑而成的、对自身主体的描绘之外，他还必然要承认，在背后有某种作为基础的东西，认定有一个独立自在的自我。就自身仅是知觉，就感觉的感受性而言，人属于**感觉世界**；就不经过感觉直接达到意识，就他的纯粹能动性而言，人属于**理智世界**。对于这一世界，我们还没有更多的知识。

一个能思考的人，一定可以把这个结论加于他所碰到的一切东西；而一个最普通理智的人，也会作出同样的结论。因为尽人皆知，这种人最相信在感性对象之后，有一个自身能动、永不可知的东西。然而这种信念被玷污了，他反过来，又把这种不可知的东西感性化。想把它变成直观对象，一点儿也不更聪明些。

人们发现，在他们自身之内确实存在着一种把他们和其他物件区别开，以至于把他们和被对象所作用的自我区别开的能力，这就是理性。作为一种纯粹自动性，理性甚至凌驾于知性之上，因为知性虽然也是自动的，而不像感觉那样仅包含因事物作用而引起的，从而是被动的表象。然而知性活动所产生的概念，只能用于使感觉表象隶属于规则，把感性表象结合于意识之中，如果离开这种感性的运用，知性就不能思维。与此相反，理性在理念的名义下表现了纯粹的能动性，它远超过所提供的东西，并证明自己的主要职责就是区分感性和知性世界，这也就给知性自身划定了界限。

这样看来，一个有理性的东西必须把自己看作是理智，而不是从低级力量方面，把自己看作是属于感性世界。于是，一个有理性的东西，就从两个角度来观察自己和认识自身力量运用的规律，认识他的全部行为。**第一**，他是感觉世界的成员，服从自然规律，是他律的；**第二**，他是理智世界的成员，只服从理性规律，而不受自然和经验的影响。

作为一个有理性的、属于理智世界的东西，人只能从自由的观念来思考他自己意志的因果性。自由即是理性在任何时候都不为感觉世界的原因所决定。**自律**概念和自由概念不可分离地联系着，道德的普遍规律总是伴随着自律概念。在概念上，**有理性**的东西的一切行动都必须以道德规律为基础，正如全部现象都以自然规律为基础一样。

453

上面我们提出，在我们从自由到自律，从自律到道德规律的推论中，似乎暗藏着一个循环论的设想已是站不住脚了。这个设想以为，我们是在为道德规律而提出了自由观念作为基础，目的是后来再把道德规律从自由推论出来。这里并不能给道德规律提供任何基础，而是一种虚设的原则，这样的原则好心人虽然情愿相信，但我们却从来提不出一个令人信服的命题。现在我们知道，在我们把自己想成自由的时候，就是把自身置于知性世界中，作为一个成员，并且认识了意志的自律性，连同它的结论——道德；在我们把自己想成是受约束的时候，就把自身置于感性世界中，同时又是知性世界（Verstandeswelt）的一个成员。

定言命令如何可能？

有理性的东西认为自己，作为理智，是知性世界的成员，而只有他属于这一世界的作用因的时候，他才把自己的因果性称为意志。在另一方面，他也意识到自己是感觉世界的一部分，他的行动在这里只不过是感觉世界的因果性的现象。但我们并不清楚，这些以我们所不知道的原因为根据的行为是如何可能的；或者可以认为这些行动是由另一些现象所规定的，例如，欲望和爱好等属于感觉世界的东西。作为知性世界的一个成员，我的行动和纯粹意志的自律原则完全一致，而作为感觉世界的一个部分，我又必须认为自己的行动是和欲望、爱好等自然规律完全符合的，是和自然的他律性相符合的。我作为知性世界成员的活动，以道德的最高原则为基础，我作为感觉世界成员的活动则以幸福原则为依据。既然**知性世界是感觉世界的依据，从而也是它的规律的依据**，所以，知性世界必须被认为是对完全属于知性世界的我的意志有直接立法作用。所以，我认为自己作为理智，是知性世界的规律的主体、是意志自律性的主体。总而言之，在必须承认自己是一个属于感觉世界的东西同时，我认为自己是理性的主体，这理性在自由观念中包含着知性世界的规律。所以，我必须把知性世界的规律看作是对我的命令，把按照这种原则而行动，看作是自己的责任。

454

因此，定言命令之所以可能，就在于自由的观念使我成为意会世界（Intelligible Welt）的一个成员。

倘若我仅仅是这一世界的成员，那么我的全部行动**就会**永远和意志的自律性相符合。然而，我同时既然是感觉世界的一个成员，那么，我就**应该**和这一规律相符合了。这一**定言的**（无条件的）应该表现为先天命题，因为我除了被感性欲望作用的意志，另外还加上完全同一个意志的观念，其自身是纯粹的、实践的。这种意志系属于，在理性上包含着被感性所作用的意志最高条件的知性世界。这种方式，完全像自身不过是一般规律形式的知性概念加于感觉世界的直观一样，由于这种相加，全部关于自然的知识才有成为先天综合命题的可能。

普通人的理性的实践应用，证明这一推论的正确。在我们树立了坚定地、自觉地按照善良准则行动的光荣榜样的时候，在我们树立了具有同情之心，一般地具有仁爱之心，甚至不顾利益和舒适的巨大牺牲的榜样的时候，没有一个人，甚至最坏的流氓如果尚能运用自己的理性，不想自己也具有这些品质。但由于自己的爱好和冲动，他做不到这一点，不过在同时，他希望能从这些爱好中解放出来，抛掉这个包袱。这就证明了，如果他能从一切感性冲动中得到自由，他就能在思想上把自己置身于另一种事物的序列之中，离开感性的领域，摆脱自己的欲望。这样的愿望不会满足他的欲求，也不会给他现实的甚至想象的爱好提供实现的条件。因为为他拔除了欲求的观念就会失去高尚的价值，如果它提供了这样的条件的话。从这里他所能得到的，只是他的人格的、更大的内在价值。在他为自由观念所驱使，即为对感觉世界决定因的独立性所驱使，自愿地转变到知性世界一个成员的立场时，他会把自己看作是一个更善良的人；从这一立场他意识到，并且承认，善良意志就是他，作为一个感觉世界成员的不良意志的规律。就是在他背离这一规律的时候，他仍然确认它的权威性。作为意会世界的一员，道德上的应该就是他的必然意愿，只有在他作为感觉世界是一个成员的时候，才把道德上的应该看作是应该。

455

一切实践哲学的最后界限

就人们的意志来说，所有的人都把自己看作是自由的。由此产生了有关行为的全部判断，有些事情应该做却没有做。但是，这种自由不是个经验的概念，也不可能是个经验的概念，因为就在经验表明所得的必然结论和自由前提相反时，这一概念仍然不受影响。在另一方面，一切事物的发生都无例外地被自然规律所决定，也同样是必然的，自然必然性也同样不是经验概念，因为在这里面包括必然性的概念，也就是包括先天知识。不过，自然概念是为经验所证实的，如果经验作为被自然规律联系起来的对象的知识是可能的，那就不可避免地要以自然概念为前提。所以自由是一个理性观念，它的客观实在性本身尚未得到证实，而自然是一个知性概念，它通过例证表明，而且必然表明自己的实在性。

在这里产生了理性的辩证法，因为意志所赋予的自由似乎是和自然必然性相对立的。在这一个交叉路口，以思辨为目标的理性认为，自然必然性的道路比自由的道路更合适、更有用些。然而从实践目标看来，自由是理性可能用于我们行为的唯一可行的小径。因此，不论是极缜密的哲学，还是最普

456

通的推理都无法用论证来把自由否定掉。哲学必须认为在人类的同一活动中自由和自然必然性之间并没有真正的矛盾。因为自由的概念和自然概念一样，是不能丢掉的。

所以，即或我们永远不能知道自由是如何可能的，但至少我们要令人信服地把这种表面上的矛盾消除。假如，对自由的思想就和自身相矛盾，或者与同等必要的自然相矛盾，那就要在与自然必然性的竞争中被打败。

倘若一个自认为自由的主体设想，在称自己为自由的时候，其意义和关系正如在同一行动中认为自己是服从自然规律一样，它就无法消除这个矛盾。所以，思辨哲学的一个不容推卸的责任就是至少指出，矛盾的幻象之所以出现，是因为我们没有从不同意义和关系来思想人，在我们称他为自由的时候，却把他看作是自然的一部分、看作是自然规律的服从者。我们不但必须指出自由和自然能够很好地并存，并且必须把它们想成是必然地统一在同一主体之内。若不然，我们就没有理由用一个观念来增加理性的负担，这个观念虽和充分设定下来的其他观

念可以无矛盾地统一，然而却使我们无所适从，使
理性在它的思辨运用中感到非常为难。这责任只是
思辨哲学所应当承担的，它需要为实践哲学扫清道
路。哲学没有权利选择，是清除这一表面的矛盾呢，
还是让它在那里原封不动。因为，若是让它在那里
原封不动，那么这种理论就全无抵抗力，宿命论就
会乘虚而入把它占领。道德就会从自己的领地里被
驱逐出去，被认为这是不合法的占有。

　　并且，在这里我们还不能说已经达到了实践哲
学的开始。因为解决矛盾并不是实践哲学的任务，
它要求思辨理性终止它在理论问题上所卷入的纠纷，
以便实践性得到稳定和安全，免除它在有关建立大
厦的基地方面引起争论，并受到外来的攻击。

　　在普通理性看来，意志自由就是必须承认和意
识到，意志是不为主观原因所决定的，是不为感觉
所决定的，总而言之它是独立于感性的。以这样的
方式，把自己看作是理智的人，当他想到自己作为
理智而具有意志，从而具有因果性的时候，把自己
置于另一种事物的序列之中，完全置身于和另一种
决定根据的关系之中；不过在他感知到自己是感觉

457

世界的一个现象，实际也确是一个现象的时候，他就使自己的因果性，按照外在的规定，服从于自然规律。现在他就明白了，两者能够共存在一起，而实际上必须共存在一起。因为一个作为现象的东西、属于感觉世界的东西，服从某种在他作为自在之物时并不服从的规律，在此间并不矛盾。人们必须以双重方式来思想自己，按照**第一重方式**，须意识到自己是通过感觉被作用的对象；按照**第二重方式**，又要求他们意识到自己是理智，在理性的应用中不受感觉印象的影响，是属于知性世界的。

这就是为什么人们要求有一种意志使他们不去重视仅仅属于欲望和爱好的东西，并且认为，在行动的时候排除一切欲望和感性的诱惑，对他们来说不但是可能，而且是必须的。这些行动的原因就在作为理智的他们之中，就在按照意会世界的原则的行动和结果之中，在意会世界中只有理性，只有独立于感性的纯粹性才是立法者。更进一步，只有作为理智，他们自己才是真正的自己，作为人，只是自己的现象，他们知道这些规律对他们的效力是直接的、无条件的，所以尽管爱好的冲动，以至于感

458

觉世界的全部力量都在煽动他们，却丝毫也损害不了他们作为理智的意志规律。有时候他们确实放纵了自己的意志，允许爱好和冲动对他们的准则发生影响，损害了他们意志的理性规律，他们甚至认为自己对这些不负责任，不承认这是真正的自己，不承认这是意志。

在实践理性**思想**自己进入知性世界时，它决没有超越自己的界限。如若它企图**直观**或**感觉**自己**进入**知性世界时，它就超越自己的界限了。对于并不向理性提供任何决定意志规律的感觉世界来说，知性世界只是个否定思想。只有在这一点上它是肯定的，这就是自由作为一个否定规定同时却和一个肯定能力相联系，甚至和理性的因果性相联系。我们把这一因果性称为意志，因为这样活动的原则和理性原因的固有性质相符合，也就是准则和普遍规律相符合为条件。如果它想向知性世界索取一个**意志的对象**，索取一个动机，那就越过了界限妄称识得了它所完全不知道的东西。所以，知性世界的概念只是一种**立场**（Stand punkt），理性为了把**自己想成实践的**，不得不在现象之外采取这样的立场。倘若感性对人起着决定性的作用，那么，理性就不可能把自己想成是实践的；这一立场是必要的，除非否认人对自己有作为理智的意识，有作为一个理性的原因，理性地活动的原因的意识，也就是否认人对自己有作为自由活动的原因的意识。这一思想当然包括和适用于感性世界的自然机械学不相同的序列和立法的观念；这就使意会世界的概念，把全部有理性的东西看作自在之物的概念成为必要了。但在这里我们只能按照形式的条件来思想它，按照作为规律的意志准则的普遍性，按照唯一能构成自由的意志自律性而思想它，决不给予我以思想它的其他机会，在另一方面，一切直接使用于对象的规律造成他律性，它们属于自然规律，只对感觉世界有效。

假如理性去**解释**纯粹理性是如何实践的，它就完全越出界线了，这正如去解释**自由是如何可能的一样**。

解释就是把某物归结为规律，其对象可能在经验中给予，除此之外我们什么也不能解释。而自由仅是一个观念，其客观必然性决不能按照自然规律来证实，也不在任何可能经验中。没有任何例证可按照类比法来作为它的依据，它永远不会被把握，甚至被想象。它之所以被当作必要的前提，由于有理性的东西相信自己意识到意志，意识到一种和仅是欲望能力不同的能力，也就是决定自己像理智那样活动的能力，按照理性规律活动而不以自然本能为转移。在按照自然规律去规定无效的地方，一切**解释**也就终止了，所余下的就是对反对意见的**反驳**，有些人自以为更深刻地见到了事物的本质，大胆地宣布自由不可能。我们所能告诉他们的只是，他们发现的所谓矛盾，只不过是他们为把自然规律适用于人的行为的时候，而不能不把人当作现象罢了。现在我们要求他们把作为理智的人看作是自在之物，他们还坚持把他当作现象不改。很显然，在同一主体当中把它的因果性，它的意志和感觉世界的一切自然规律相分离，是一个矛盾，然而这一矛盾就不再存在，只要他们肯重新考虑一下，并且承认，在现象背后必须有些自在的东西，作为它们的潜在基础而存在，是合理的。并且，我们不能期望这些基础的活动规律和它们的现象所服从的规律是一样的。

在主观上对意志自由解释的不可能，正如不可能发现和解释人们对道德规律所感到的**关切**。① 然而，他们对道德规律确实感到关切，我们把这种关切的内在基础称为道德感。不能把这种道德感错误地当作道德判断的标准，而必须把它看作是规律对意志产生的**主观**效果，而只有理性才对它提供客观根据。

460

为了使被感觉作用着的有理性的东西通过理性所获得的东西，也成为应该愿望的东西，在这里确实需要理性有一种能力，在责任的肩负中注入快乐和满足的感觉。所以，理性一定要有一种因果性，去规定感性使之与它自己的原则相符合。但是，完

---

① 只有通过关切或兴趣（Interesse）理性才成为实践的，成为规定意志的原因。所以，我们只能说有理性的东西对之感到关切的，而无理性的生物只能感到感性的冲动。如若人们准则的普遍有效性是规定意志的充足理由，那么对行为的直接关切只能为理性所有。只有这样的关切才是纯粹的。如果理性只有通过另外的欲望对象，或者以主体特殊感觉为条件才能规定意志，那么它对行为只有间接关切。因为离开经验，理性自身既不能发现意志的对象，也不能发现背后的特殊感觉，所以间接关切只能是经验的，而不是纯粹理性的。推动理性深入而对逻辑所感到的关切永远不是直接的，而以理性所怀抱的意图为前提。

全不可能辨别，先天地知晓一个完全不包含感性东西的纯思想，怎样产生快乐和不快的感觉。这一种特殊的因果性，对它和对一切因果性一样，我们先天地不能有任何规定，而只能依靠经验。而经验，只能在因果和结果同时存在于两个经验对象中的时候，才能加以列举，然而在这里，理性是把观念用来作为并不存在于经验对象中的结果的原因，并且观念也不向经验提供对象。所以，对于我们人来说，作为规律的准则普遍性，我们为什么对道德感到关切，这是完全不可解释的。只有一点是肯定的：它之对我们有效，并不是因为我们对它感到关切，因为关切是他律的，是实践理性对感觉，对一种基本情感的依赖。它之使我们感到关切，由于我们是人，由于它出于作为理智的我们的意志，从而出于我们所固有的自我；**至于那属于现象的东西，理性当然要令它服从于自在之物的本性**。

于是，"一个定言命令如何可能"的问题，可以回答到这样程度：我们所能提出的唯一可能的前提，就是自由的理念，我们可指出这一前提的必然性，为理性的实践运用提供充分的根据，也就是对这种

461

命令有效性的信念，对道德有效性的信念提供充分根据。但这一前提本身如何可能，是人类理性永远也无法探测的。但是，从理智意志自由的前提得出了一个必然的结论，这就是，自律性是规定意志的形式条件。意志自由这个前提，是可能为思辨哲学证明的，因为它不涉及和自然性原则的矛盾，自然必然性只表现在感觉世界的各种现象的相互关系中。同时，这一前提是无条件必要的，如果在实践上没有这个前提，一个有理性的东西就不能意识到他的理性因果性，就不能意识到一个和欲望有别的意志，这就是说，有理性的东西的一切自愿活动，都必须在观念上以这样一个前提为基础。然而，为什么纯粹理性，不需从某处取得动力，自身就能是实践的；为什么作为规律的全部准则的普遍有效性，即成为纯粹实践理性的当然形式，能不需要引起我们关切的任何的意志质料或对象，而自己成为动力，产生一种可称为纯道德的关切；简而言之，为什么纯粹理性能够是实践的。对这类问题的回答人类理性完全无能为力，对回答这类问题的一切探索都是徒劳无益的。

如果我想要寻求自由本身作为意志的因果性是
462 如何可能的，其情况也是如此。因为，在这样做的
时候，我就把作说明的哲学基础抛在后面，除此之
外我又没有别的基础。当然，我可以陶醉在尚为我
保留的意会世界，或理智的世界里；不过，虽然我
对这个世界有一个理由充足的**观念**，但没有一点点
知识，而不管我如何竭尽自己的理性自然能力，永
远也不能得到这种知识。这一世界不过是意味着，
当我为消除来自感性领域作为动机的原则，把所有
属于感觉世界的一切东西都从我意志决定因素中抛
弃掉的时候，所剩下来的某种东西。我之所以这样
做，目的是在限制感性动机，指出它绝对没有把一
切都包括完了，在它之外还有更多的东西；至于这
些东西是什么，我就无可奉告了。在我抛弃一切质
料、一切对象的知识，只由纯粹理性来阐述这一理
想的时候，对我所剩下的就只有形式，只有准则普
遍有效性的实践规律，与此同时，只剩下与纯粹知
性世界相关联的理性，作为可能的，规定着意志的
作用因。除非意会世界这个观念自身是动因，或者
理性对这一世界有先于所有事物的关切，那么这里

就再也找不到动因了。但把这个问题说清楚，则是我们办不到的。

这里，就是道德探索的最后界限。划定这样一个界限是重要的，这一方面可以避免理性在感觉世界内，以对道德有害的方式，到处摸索最高动机和虽可理解但是经验上的关切；另一方面，也可以避免理性在我们称之为意会世界的空无一物的超验概念的空间里，无力地拍打着翅膀，而不能离开原地，并沉沦于幻象之中。纯粹知性世界的观念，作为一个全体理智的整体，对合理的信仰来说，永远是个有用的可信的观念，因为我们有理性的东西，虽然同时是感觉世界的成员，自己也是理智的一分子。所以，虽然在这条边界上一切知识止步，但通过有理性的东西的自在目的普遍王国这个光辉思想，却唤醒了我们对道德规律的衷心关切。我们只有小心谨慎地按照自由准则行事，就像遵循自然规律那样，463 才能成为这个王国的一员。

结束语

　　理性对自然的思辨应用导致世界某种最高原因的绝对必然性。理性对自由的实践应用也导致一种必然性，不过只是有理性的东西作为自身行动规律的必然性。一切理性应用的根本原则就是把它的知识推进到对自己必然性的意识，如若没有这种必然性它也就不是理性知识了。然而，对于这个理性本身也有同样的根本**限制**，这就是，除非它事前知道了某物存在，某物产生，某事被做的条件，它就看不清楚某物存在，某物产生，某事被做的必然性。由于这种缘故，理性不停顿地去追寻条件，它的满足也就一步步地推迟。所以，理性无休止地寻求无条件必然的东西，并且看出它自己被迫不得不设定一个无条件必然的东西，虽然它没有办法使人了解，只要能够发现一个和这个前提相一致的概念，也就很幸运了。因此，我们道德最高原则的演绎是无可反对的，应该受到我们责备的一般说来倒是，人类理性竟无法使人明了无条件实践规律的绝对必然性，而定言命令就是这种无条件的实践规律。理性不能因不愿用一种条件来说明它受到非难，因为这是把某种兴趣作为它的基础，这样的规律就不再是道德规律了。我们确实并不明了道德命令的无条件的实践必然性；但是我们却肯定地明了它的不明了性，这是对哲学合理的要求，它在原则上是力求达到人类理性的极限。

附　录
论证分析

H. J. 帕通

序　论

哲学的不同分支（页387—388）

　　哲学有三个主要分支：逻辑学、物理学和伦理学。其中**逻辑学**是形式的，它从我们思维对象（质料）的一切差异中抽象出来，只考虑思维自身的必然规律。由于它完全不借助于我们对对象的感觉经验，所以必须被认为纯然是非经验科学，或者先天科学。**物理学**所讨论的是自然规律，**伦理学**所讨论的是道德自由行为的规律。所以，这两种哲学科学所讨论的思想对象显然是互不相同的。

　　和逻辑学不同，物理学和伦理学都必须有一个

经验部分，有一个以感性经验为基础的部分。同时，也必须有一个非经验部分或先天部分，也就是一个不以感性经验为基础的部分。因为，自然规律必须应用于作为经验对象的自然。伦理规律必须应用于在欲望和本能影响下的人类意志，而这些欲望和本能只能凭经验才能知道。

一个当代哲学家，比起认为这些科学有一个经验部分来，他也许更主张有一个先天部分。不过很多哲学家的确是否认这个先天部分的。可是，如若我们广义地看待物理学，把它看作自然哲学，那么自然过程就要遵循某些原则，这些原则决不只是在我们感性材料的基础上概括出来的。康德认为物理学先天部分或纯粹部分的任务，也就是**物理形而上学**的任务，是阐述这些原则，尽可能地论证这些原则的正当。举例来说，他就把一切事件必有其因的原则，包括在这些原则之内。像这样的原则，虽然可以被经验所证实，但永远不能被经验所证明。他认为，这一原则表明了经验自然的可能条件，也就是物理学的可能条件。

事实十分明显，从人们实际行动的经验，不能证明他们应该做什么。因为，尽管我们承认有道德上的"应该"或者道德责任这样东西，也不能不承认，人们并不经常做自己所应该做的事情。所以，如若有为人们行为所应该遵循的道德原则，那么对这些原则的知识就必定是先天知识，不能以感觉经验为基础。伦理学的先天部分或纯粹部分，所要做的事情就是**阐述和论证**道德原则，探讨像"应该""责任""善良""恶劣""正确""错误"等术语。伦理学的这个先天部分可以被称为**道德形而上学**。虽然在其他场合，康德认为，与"阐述"不同的"论证"是**实践理性批判**的任务。对人类个别责任的详尽知识需要更多对人类本性的经验，以及一些对其他事物的经验。这隶属于伦理学的经验部分，康德称之为"实用人类学"，虽然这一词的用法还不十分清楚。

康德先天知识的理论的主要根据是认为，心灵也就是他所谓的理性，主动地按照它所能知道和理解的原则活动着。他认为，我们不但在思想自身中揭示这些理性原则，在逻辑中学习这些原则，同时也在科学知识和道德行为中揭示这些原则。我们能够把这些原则加以区别。我们能够理解为什么它们对任何一个有理性东西都是必须的，如若他期求对世界作合乎理性的思想，在世界上有合乎理性的行动。如若我们相信理性没有能动性，没有自己的原则，而只是一束感觉和欲望，我们就没有先天的知识，但若肯定这一想法我们就难于避免相反的论点。

对纯粹伦理学的需要（页388—390）

如若先天伦理学和经验伦理学的划分站得住脚的话，那么对第一部分加以分别研究就是可取的了。把两者混在一起，其结果必然导致思想混乱，甚至于也可能导致道德堕落。想要行为在道德上成为善良，就必须是为了责任而责任。只有伦理学的先天部分或纯粹部分才能够向我们表明责任的本性是什么。由于把伦理学的不同部分混淆在一起，我们就很容易把责任同自利相提并论，在实践上这定要产生可怕的后果。

意志本身的哲学（页390—391）

不要把伦理学的先天部分和意志本身的哲学相

混同。因为前者所研究的不是一切意志，而是研究特殊的**一种**意志，也就是在道德上善良的意志。

《原理》的目标（页391—392）

《原理》的目标不是对伦理学的先天部分向我们作全面的剖析，也就是不在于写一部完整的道德形而上学。其目的主要是给这样一种道德形而上学奠定**基础**，这样就把真正困难的部分单独加以解决。甚至于就是作为基础，这本《原理》也不能自以为是完全的，只有一个充分地对"实践理性的批判"才能达到这一目标。不过对理性批判的需要，在实践事物中不如理论事物中那样迫切，因为人们日常的理性在道德中比在理论中，是一个更可靠的向导。康德力求避免在充分批判中的繁难。

这里的中心之点：《原理》有限然而极其重要的目标，是建立**道德的最高原则**。它完全排除有关这一原则的应用问题，虽然也偶尔举几个例子来显示各种应用方式。所以，在这本书里，我们不能期待对道德原则如何应用的详细说明，也不能责备康德没有提供应用的失误，更不能发明一套理论来论断康德在这一主题上到底是个什么想法。如果我们想要知道他如何应用自己的最高原理，就去读他被忽略的《道德形而上学》。在《原理》本身中要考虑的唯一问题，就是康德制订道德最高原理的工作是成功了呢，还是失败了。

《原理》的方法（页392）

康德的方法是从预定的假设，我们的日常道德判断可合法地要求其为真出发。他再进一步追问，如若这一要求被证明是正当的，要取得什么样的**条件**。这就是他称之为分析或回溯论证的那个方法，他希望通过这种方法，发现一系列的条件，直到一切道德判断的最后条件，也就是道德的最高原则。在第一章和第二章里他试图应用这种方法。但在第三章里他的方法改变了。在那里，他让理性深入透视自己的活动，设法从这里引导出道德的最高原则。这就是他称之为**综合**或前进的论证的方法。如果这一方法是成功的，那么，我们就能把前两章的方向倒转过来。从理性对自身活动原则的深入透视开始，我们就能过渡到道德的最高原则，从这里再到我们所开始的日常道德判断。用这种方法，我们就可以证明自己的预定假设的正当，日常道德判断可合法地要求其为真。

第一章试图用分析论证引导我们从日常的道德判断到对道德第一原则的哲学陈述。第二章首先消除用例证和混淆经验与先天来工作的"大众"哲学的混乱，进一步继续用分析论证来以不同的方式阐明道德的第一原则。这一章隶属于道德形而上学。第三章试图以综合论证，通过从其纯粹实践理性的源泉引申道德第一原则的方式，来论证第一原则的正当性。这一章隶属于纯粹实践理性批判。

第一章　对道德哲学的探讨

善良意志（页393—394）

善良意志是唯一不受任何限制的善。这也就是说，唯有善良意志**在一切场合**都是善的，在这种意义下，它是绝对的，无条件的善。我们也可以把它看作是唯一的**自在的**善，独立于其他事物的善。

然而，这并不意味着善良意志是唯一的善。恰恰相反，有很多东西在各个方面是善的。不过，这些东西并非一切场合都善，在它们被一种恶劣的意志所利用时，很可能全体成为彻头彻尾是恶的。所以，它们只是有条件的善，在某种条件下是善的，而不是绝对的善，在其自身的善。

善良意志及其效果（页394—395）

善良意志的善不是从它所产生的效果的善得来的。它所产生的效果的善是有条件的善，不能成为无条件善的泉源，无条件的善只能属于善良意志自身。此外，尽管遭遇某种不幸，一个善良意志仍然继续保持它自身所独有的善，虽然它并没能达到自己所预期的目的。

从这里不能得出结论，似乎在康德那里善良意志不要产生所预期的效果。恰恰相反，他认为，善良意志，任何一种意志，都必须产生预期的效果。

理性的功能（页395—396）

唯有善良意志才是无条件的善的观点，是为通常的道德意识所支持的。它就是我们在日常生活中全部道德判断的前提或条件。然而这种主张似乎还是一种想当然，还必须通过对理性在实际活动中的功能的考察，来寻求更进一步的论据。

为了寻求这种论据，我们所必需的前提是设定，在有机的生物中一切机能都有一个与它相适应的功能或目标。这一原则也可应用于精神生活。在人类，理性可以说就是主宰行为的机能，正如本能是兽类控制活动的机能一样。如若理性功能在活动中就是去获得幸福，那么，本能倒是达到这一目标的更好的手段。所以，如若我们设定理性，也和其他机能一样，必须与其目标相适应，那么它的目标就不能是去产生一种仅善于作幸福工具的意志，而更要产生一种自在是善的意志。

这样的自然目的论观点，在今天是不很容易被接受的。我们须得注意，康德确是抱有这样的信念，虽然决非以一种简单的形式。这一信念在他的伦理学中的作用，作为基本信念，远远超过一般想象。我们特别要注意，在他那里，活动中的理性有两种主要功能，第一个功能须服从第二个功能。第一个功能是获得自己的个人幸福，一种有条件的善；第二个功能是显示一种自在善良的意志，无条件的善。

善良意志和责任（页397）

在人类的条件下，在我们必须为反对违法的冲动和欲望而斗争的条件下，善良意志就表现在**为了责任**的行为中。所以，我们必须考察责任概念才能了解人类的善良。人类的善良极其明显地显示在，由违法冲动所设置在路途中的障碍的排除中，但决不可把善自身想为就是克服障碍。恰恰相反，一个完全善良的意志也许没有需要克服的障碍，含有克服障碍的责任概念是不适用于这种完全意志的。

责任的动机（页397—399）

人类行为在道德上的善良，并不因为出于直接爱好，更不是出于利己之心，而是因为出于责任。这就是康德关于责任的第一个命题，虽然他本人并没有用这样的一般形式来表述这一命题。

一项行动，尽管与责任相符合，从而是正当的，然而如若这一行为完全是出于利己之心，也不会被公众认为在道德上是善良的。然而，我们却倾向于把出于某种直接爱好的行动当作在道德上是善良的，例如出于同情和仁惠而作出的行动。为了检查行为是出于责任还是出于爱好，我们必须把动机**孤立**起来，首先让我们衡量一下一种完全出于爱好而**不**出于责任的行为，然后再衡量完全出于责任而不出于爱好的行为。在我们这样做了之后，我们就会知道，尽管这种事例是为直接爱好所喜爱，一个完全出于自然同情的行动，可能是正当的、可赞赏的，但决没有与众不同的道德价值。只有那完全出于责任的同类行为才具有与众不同的道德价值。倘若一个人自身处于困境之中，作为自然的爱好他完全无意于此的时候，一个人完全出于责任而帮助他人，这种善良才是更加难能可贵的。

如若康德的意思是指，由于自然爱好的出现，甚至于由于对良好行为的满足感觉，会贬损善良行为的道德价值，那么，他的理论就荒唐了。由于他用语的含混，就给这种解释增添了某些几乎普遍接受的色彩。他这样说，如若一个人不是出于爱好，而是出于责任做好事，他就表现了道德价值。不过我们要记住，他在这里是为了寻求责任与爱好何者为道德价值的泉源，而把两种动机**孤立地**拿来对照的。如若他这样说，一人的道德价值，并不表现在出于爱好的善良行为里，而表现在出于责任的善良行为里，那么他就避免了用语的含混。给予行为以道德价值的，不是爱好的动机，而是责任的动机。

至于两种动机是否可以出现于同一道德行为之中，两者是否可以相互支持的问题，在这一段里甚至没有提出，在《原理》里也全然未加讨论。在这一主题上，康德的出发点是，如若一种行为在道德上是善良的，尽管在这里也有其他动机**同时出现**，那么，责任的动机本身对行为总要是具有充分决定力量。进一步说，它具有一种从不动摇的信念，宽宏的爱好有助于善良行为的实行，正因为这样，培养宽宏的爱好是一种责任，没有这样的爱好世界将因失去一种伟大的道德装饰而黯然失色。

同时还应该看到，康德远非贬低幸福，他认为，我们至少有一种间接的责任来追求自身的幸福。

责任的形式原则（页399—400）

康德的第二个命题是这样：**一种出于责任的行**

为，它的道德价值既不来自它所得到的或期望得到的效果，而是来自一种形式原则或者准则，也就是实行自己的责任，而不管责任是什么。

这是以一种更专门的方式对第一命题的复述。我们已经看到，善良意志的无条件的善不能从它所追求**效果**的有条件的善得到。这对在道德上善良的行为同样是真实的，在那里善良意志在为了责任的行为中显示出来。现在我们所应该做的事情就是，用康德称之为"准则"的词句把我们的理论陈述出来。

准则就是我们行动所遵从的原则。它纯粹是个人原则，而不是一本格言录。准则可能是好的，也可能是坏的。康德称之为"主观"原则，意思是说，这是一个有理性的活动者或者行动的主体据之以**实际**行动的原则，是一个显示在事实已行动了的行动中的原则。在另一方面，"客观"原则是有理性的行动者**所必然**依之行动的原则，如若他能完全主宰自己的行为的话，如若无足够的理性而被引入歧途，那么他就**应该**按照这一原则行动。一旦我们按客观原则行动，那么这些客观原则也就**实际**变成主观的。

然而，它们还继续保持其客观，不论我们是否按照它们而行动。

我们并不须用语言把行为的准则表述为公式，不过，假如我们知道自己在做什么，并且愿意自己的行为成为**一种**特别的行为，那么我们的行为就有了准则、有了主观原则。这样看来，准则总是某种普遍原则，在它之下我们想一种特殊的行动。例如，为了逃避不幸我决定去自杀，我可以说成是按照"在**任何时候**当生活的痛苦多于快乐，我将杀死自己"的原则或准则而行动。

所有这些准则都是**质料**的准则：它们把一个特殊的行为连同其特殊的动机以及所预期的效果一起普遍化。由于行为在道德上的善良不能从它所预期的效果得到，所以，很显然也不能从这类的质料准则得到。

只有实行自己责任的原则或准则，而不管自己的责任是什么，才能给予行为以道德价值。这样的准则是空洞的，是没有任何特殊质料的，它不是一个满足特殊欲望、获得特殊效果的准则。用康德的语言说，它是一种**形式的**准则。为了责任而行动，就是按照形式准则而行动，"而不管欲望活动的全部对象"。一个善良的人，要按照合乎为责任而责任去行动这条形式的和主导的准则，还是同它相违背，来决定接受还是拒绝所提出的质料的行为准则。只有这样，"负责任"的行为才可能在道德上是善良的。

尊重规律或法律（页400—401）

第三个命题被当作前两个命题的推论。这个命题是：**责任是出于对规律或法律尊重的行为必然性**。

不过除了在明显说出来的含义之外，除非我们加进更多的意义，我们就不能从前面两个命题中把这一命题引申出来。因为，在大前提中我们既没有碰到"尊重"这个词，也没有碰到"规律"这个词。况且这个命题本身也不是清楚的。也许这样讲更加合适一些：一个人按照为责任而责任的准则行动，也就是因尊重规律而行动。

理解康德的论证并不是件容易的事情。看来他是这样主张，如若道德上的善良行为所遵循的准则是**形式**的，而不是一个满足个人欲望的质料准则，那么它就必定是一个合乎理性而行动的准则，也就是说，行动所遵循的规律对一切有理性东西都有效，而与他们的个别欲望无关。由于人类的脆弱，所以对我们来说，这样的规律必定是责任的规律，一种命令式或强制服从的规律。这样一种规律，由于是**强加**于我们的，所以要引起一种类似畏惧的情感。在另一方面，由于是我们自己强加于自己的，也就是由我们的理性本性所强加的，它又要引起一种类似爱好或吸引的情感。**尊重**就是这样一种综合的情感。这样的情感，唯有当想到我的意志服从于不受任何感性影响的普遍规律时才能产生，为任何感性刺激所不能有。由于善良行为的动机存在于情感之中，所以我们必须说道德上的善良行为是出于尊重规律的行为，正是这种对规律的尊重才赋予它以独有的无条件的价值。

定言（绝对）命令（页402—403）

善良人所要服从和尊重的规律，似乎是一种很奇怪的规律。这种规律不依于我们的对特殊结果的欲望，它本身甚至不要求任何特殊的行动，它所要求于我们的只是为规律而遵守规律，"使行为与普遍规律自身相一致"。在很多人看来，这是个空洞的概念，甚至于是一个使人反感的概念，我们实际上是从日常的道德判断过渡到高度的哲学抽象、过渡到一切真正道德的共同形式，而置其质料于不顾。然而，康德在这里所说的，不是对道德所可能说的、所应该说的最低限吗？一个在道德上善良的人，所追求的并不是满足自身的欲望、获得自身的幸福（虽然这样做是可能的），而是力求遵从对一切人都有效的规律、遵从不为自身欲望所规定的客观标准。

　　由于冲动和欲望的妨碍，这种规律对我们来说，就是一种我们**应该**为服从而服从的规律，这就是康德叫作定言命令的东西。下面我们所介绍的是定言命令的第一个公式，虽然以否定的形式来表述："**除非我愿意我的准则也变成一条普遍规律，我不应行动。**"这是道德最高原则的第一个公式。它是一切特殊道德规律、一切日常道德判断的最后的条件。一切道德规律都必须由此**派生**，唯有它才是"原始的"，其他一切都是"派生的"或依附的。不过，这一公式本身即表明，一个规律自身的空洞形式是没有**引申**特殊道德规律的问题的。恰恰相反，我们所必须做的倒是去考察我们所讨论的行为**质料**准则，按照它们能否变成普遍规律而予以接受或摒弃。也就是，我们愿意它们成为对一切人都有效的规律，而不是我们自身的特权。

从康德把这一方法应用到所讨论的行为，即说谎的例证中，就可明显地看到，他相信他的原则的应用比事实上更为容易。然而，他提出了道德行为的最高条件，他们把道德行为和仅是审慎的行为加以鲜明的对照，基本上是无懈可击的。

通常的实践理性（页403—404）

普通的善良人并不把这种道德原则变成抽象的公式，但在他们作特殊的道德判断时，确实是应用这一原则。在实践事务，而不在思辨中，通常人的理性可以说与哲学相较是更好的向导。如果把道德问题让普通人去处理，而把道德哲学给哲学专家作为专业，也许更合适些。

对哲学的需要（页404—405）

普通人需要哲学，因为对快乐的渴望诱使他成为自欺的人，用诡辩的方式以论证来对付在道德上看来是难容的要求。这样就产生了康德所谓的自然**辩证法**，醉心于那些相互矛盾的、似是而非的论证，用这种方法来架空对责任的要求。这在实践上对道德是致命的，其致命的程度，以致使通常人的理性被迫着去寻求解决它的困难。而困难的解决只有在哲学中才能找到，特别在实践理性批判中才能找到，在那里，我们在理性自身中追溯到道德原则的泉源。

第二章　道德形而上学大纲

例证的用处（页406—409）

虽然我们已经把道德最高原则和普通道德判断分开，但这并不意味着我们已经通过对我们经验中的道德上善良行为例证的概括，达到了道德的最高原则。这样的经验方法是"大众"哲学所特有的，这种哲学以例证为依据。在事实上我们永远不能保证，是否有"责任"行为的例证，有把责任作为决定性动机的行为。我们所讨论的，不是人们事实上做什么，而是他们应该做什么。

即或我们有对责任行为的经验，也不足由此概括出最高原则。我们在这里所要证明的，是有一种对一切有理性东西作为有理性东西都有效的道德原则；是对一切人就他们的理性而言有效的道德原则，一个有理性东西自身所应该遵循的规律，如果他们被引诱不去遵循这一规律的话。这一点是人类实际行为的经验所永远无法证明的。

更进一步说，道德上善良行为的例证永远不能代替道德原则，它们永远也不能提供道德原则所可依据的基础。只有在我们已经有了道德原则之后，我们才能判断一个行为是道德上善良的例证。

道德不是盲目模仿，例证的最大作用是鼓舞我们去负起责任，它们告诉我们确当行为是可能的，并把这种行为生动地带到我们的面前。

大众哲学（页409—411）

大众哲学不把伦理学中的先天部分和经验部分严格分开，反而把先天因素和经验因素不可救药地搅到一起，向我们提供一盘可憎的杂烩。道德原则和利己原则相混淆，其结果是削弱了对道德的要求却错误地以为是引向对这些要求的加强。

结论的回顾（页411—412）

道德原则必须完全被先天地把握。把它们和利己之类的经验考虑搅和到一起，不但要造成思想混乱，还要妨碍道德进步。所以，在我们想要应用道德原则之前，必须力求把它们精确地公式化为一个纯粹的道德形而上学，排除一切经验上的考虑。

一般的命令式（页412—414）

现在，我们必须尝试着解释："善良"和"应该"这些词的意义是什么，特别是"命令式"这个词的意义是什么。有各种不同种类的命令式，而首先让我们谈谈**一般的**命令式，各种命令式的共同之处。虽然我们要记住这个特点，但我们在这里所讨论的不只是道德命令式，在开始阅读时这里产生了困难，特别是应用在不同种类的命令式中，"善良"一词具有不同的意义。

我们从有理性的动作者概念开始。一个有理性的动作者具有按照他对规律的观念而行动的力量。这就是说，按照**原则**而行动。我们说他有一个**意愿**、

意志就是这个意思。"实践理性"就是这种意志的同义语。

我们已经看到了有理性的动作者的行为有**主观**原则，或准则，在只有不完全理性东西的身上，这一主观原则和**客观**原则必然相区别。也就是说，要和有理性东西在他理性对情感完全主宰时所必然遵循而行动的规律相区别。就动作者按客观原则行动而言，他的意志和他的行为可以在**同一意义**下说是"善良的"。

像人那样的不完全理性东西并不总是按客观原则行动，他可以这样做，也可以不这样做。用专门的语言说，对于人，行为在客观上是必然的而在主观上是偶然的。

对于那些不完全理性东西说来，客观原则几乎是**强制着**，或用康德的专门语言说，**逼迫着**意志，也就是说从外面强加于意志，而不像在完全有理性的动作者那里一样，在那里意志是**必然**显现的。在这方面，对于一个理性意志来说，**必然**和**必需**之间有着明显区别。

任何在把客观原则看作是**必需**（necessitating），

而不仅是**必然**（necessity）的地方，它就被说成是**命令**。这样命令的公式就叫作命令式，虽然康德在实行中并不对命令和命令式作明确的区别。

全部命令式，不仅道德命令式，都用"我应该"这个词来表示。"我应该"这个词，可以从主体方面来表示在被承认为客观的原则和不完全的理性意志之间的强制关系。当我说，"我应该"做什么的时候，就意味着，我承认这样的行动是被强制，或必须去遵从一个对任何有理性的动作者自身都有效的客观规律。

由于命令式被认为是必需的，具有强制性的客观原则，由于与客观原则相符合的行为是善良行为，所以，全部命令式都命令我们行为善良，而不是像某些哲学家所说，只是正当行为，或者义务行为。

一个完全理性的、彻底善良的动作者将**必然地**按照客观原则而行动，这同一原则对于我们却是命令式。他所显示的善良和我们服从命令时所显示的完全一样。然而对于他，这种客观原则却不是命令式。它们是必然的而不是必需的。而遵从这种原则的意志被说成是"神圣"的意志。在我们说，"我应该"的地方，这种动作者就说："我想要。"他将不负任何责任，对道德规律也没有尊重，只是类似于喜爱。

在一个重要的注释中，康德有些含糊地解释了"爱好"和"关切"（兴趣）这两个词是什么意思，指出了感性关切和实践关切，或道德的区别。

命令式的分类（页414—417）

有三种不同的命令式。既然命令式是一些被认为必需的客观原则，那么就必然同样有三种相应的不同客观原则和三种相应的"善"。

某些客观原则以追求某种目的的意志**为条件**，也就是说，如若一个具有完全理性的动作者想要达到某一目的，他就必然遵从这些原则。这些原则产生了**假言命令**。它们的普遍公式是："如果我想要这一目的，我应该这样做。"它们要求我们行动，这些行动是善良的，是善于达到我们所已经，或将想望的**目的的手段**。

如果目的仅是一种可能想望的目的，命令就是一种**或然**命令，或**技术性**的命令。它们可以称为技巧的命令，这种命令所责成的行为是**技巧的**，或者**"有用的"**，从而是善良的。

如果目的是一种所有理性动作者都想望的目的，正是由于他的本性，命令式就是当然命令，或实践命令。由于目的是所有理性动作者都想望的，由于他的本性就是他自身的幸福，因此实践命令所责成的行为是"明智的"，并在这一意义下是善良的。

某些客观原则是**无条件的**，它们被一个完全理性的动作者所必然遵循，但不以前在的对某种预期目的的想望为依据。这些原则产生了定言的、或绝对的命令，它们的一般公式是，"我应该为某事"，而不须一个"若如"为前在的条件。这些命令也被称为"必然的"，由于是无条件的，在这种意义下所以是必然的、绝对的。道德的这种无条件命令，它们所指定的行为**在道德上是善良的**，在它们自身就是善良，而不仅作为达到其他目的的工具而善良。

不同种类的命令式，表现了不同的"必需"。这种差异可以表示为：技术规则、明智规约和道德命令或规律。只有规律或命令才是绝对的指令。

命令式如何可能？（页417—420）

现在让我们讨论一下，命令式是如何"可能的"。这就是说，它们是如何被证明是**正当的**。证明它们的合理性，就是指出它们所据以命令我们行动的原则是**客观的**，也就是说，对任何一个有理性东西作为有理性东西都有效。康德一贯认为，一个充分理性的动作者自身所据以行动的原则也就是不完全的理性动作者在他被诱惑偏离正道时，所**应该**据以行动的原则。

为了理解论证我们首先要把握分析命题和综合命题的区别。

在**分析**命题中，谓语就包括在主语概念之内，并且可以通过分析主语概念而得到。例如，"一切**结果**必有原因"是一个分析命题。因为，我们除非见到有一个原因，我们也就见不到结果。所以，为着证明一个分析命题的正当，我们不必到主语概念之外去寻找。在一个**综合**命题中谓语并不包含在主语之内，也不能通过对主语概念的分析而得到谓语。"一切**事件**必有原因"是一个综合命题。因为，我们不须见到事件有原因就可以见到一个事件。为着证明任何综合判断的有理，我们必须到主语概念之外，去发现某种"第三项"以保证我们去称谓主语。

任何必然地想望目的的完全理性的动作者也想望达到目的的手段。这是一个分析命题。因为想望（to will）一个目的，而不只是愿望（to wish）一个目的，想望行动就是达到目的的手段。所以，任何有理性的动作者想望一个目的也**应该想望**达到此目的的手段，假如他是非理性的足以被诱惑着偏离正道的话。所以，证明**技巧命令**的正当是没有困难的。

这里须得注意，我们利用综合命题是为了找出事实上我们达到目的的手段是什么。我们必须发现什么东西使得意志产生了所要的目的，而只分析效果概念自身，是不可能发现任何效果的原因的。这些综合命题仅仅不过是理论。当我们知道了什么东西使意志产生所欲的效果时，而规定我们作为有理性东西的意志的原则就是分析命题；任何一个充分理性的动作者必然地想望一个目的，也就想望达到目的的已知手段。

在我们考察**审慎命令**时，我们碰到了特别的困难。虽然幸福是我们大家都实际追求的目标，但不幸的是我们对幸福的概念却是含糊的、不明确的。我们并不清楚地知道自己的目的是什么。有时候，康德自己说，幸福似乎只是寻求一种手段，去达到在全部生命旅途中最大可能的快乐感觉。在另一些时候他承认，幸福包含着各种目的以及达到目的手段的选择和协调。除此之外，审慎命令也可以用和技巧命令的同样方式，证明它的正当性。它的基础也是分析命题，任何一个充分理性的动作者必然地欲求一个目的，也就是欲求达到目的的已知手段。

这种确证的办法，不可能用之于**道德的**或者**定言的命令**，因为当我负起一种责任，而说"我应该如此做"的时候，它所根据的前提并不是某种所想望的其他目的。去证明定言命令的正当，我们必须指出一个完全理性的动作者要必然地以某种方式活动，并不是**如果**他凑巧需要什么东西，而纯粹完全是作为有理性的动作者。这样的一种谓语，无论如何是不包含在"有理性东西"的概念之中的，也不能用分析这一概念而得到。这种命题不是分析命题，而是综合命题，它是在**断定**一个有理性的东西作为有理性的东西**必然**地做什么。这样的断定，其正当性是永远不能用例证的经验来证实，也不可能保证我们具有这样的经验。这种命题不仅是综合的，而且是先天的。证明一个这样的命题的正当其困难似乎是很大的。这一任务要留待以后解决。

普遍规律的公式（页420—421）

首先让我们**依次阐明**定言命令，指出它所命令的是什么。对这一主题，我们就其自身，从外表上加以论述，接着还要提出一系列公式。但是在所有这一切里面对最高原则或道德的分析论还在继续。不过下面我们就发现，这个最高原则就是**自律原则**。正是这一原则才使我们能够把道德和自由理念联系起来，这在最后一章将充分讨论。

定言命令，如我们已经看到的那样，只是责成我们按普遍规律自身行动，也就是它指令我们按对一切有理性东西自身有效的原则行动，而不是以这样的原则为依据，它只在**倘若**我们凑巧想望其他某种目的时才有效。所以，它指令我们接受或拒绝一个所考虑着的行为质料准则，按照它能否被当作一个普遍规律来想望。我们可以把它表述为一条公式，**"只按着那种你同时也想望它变为普遍规律的准则而行动"**。

从而定言命令只能有一个。我把各种不同的特殊道德广义地称为定言命令，因为一般地定言命令于它们是适用的。例如，"你不要杀人"这类规律都是从一个作为它们的原理的定言命令中引申出来的。在《原理》中康德似乎是这样认为，它们能从这一公式自身中引申出来，但在《实践理性批判》里，他认为，我们必须利用直接后续的公式才能达到这一目的。

自然规律的公式（页421）

"行动，仿佛你的行动准则通过你的欲求或意志（will）要变成自然的普遍规律。"

这一公式，虽然从属于前一公式，但和前者完全不同，它所表示的是自然规律而不是自由规律，这是康德本人在他说明中列举的方式。他并没有解释为什么这样做而不加说明。在第437页上有一个道德的普遍规律和自然的普遍规律的**类比**。这是一个极其专门的题目，在《实践理性批判》中作了进一步的解释。关于这个问题，请参阅我的《定言命令》一书第157—164页。

自然规律，从根本上说，是一个因果律。不过在康德要我们把自己的准则看作仿佛它们是自然规律时，他把它们当作目的规律。他已经设定自然，至少人的本性（nature）是有目的的本性，或者他后来称之为自然王国，而不只是机械性。

尽管有这些困难和复杂之点，康德的学说还是简单的。他主张人在道德上的善良不在于他随从激情和利己之心而行动，而是遵循一种超乎人的、对别人和自己都同样有效的原则而行动。这就是道德的**本质**。倘若我们想检验下一个所设想行为的准则，我们就必须问，如果被普遍接受，这一准则是否能推进个人目标和人类目标的系统和谐。只有在这样的时候，我们才能说，它有资格作为普遍规律被想望。

这种**检验**方法的**实施**，不可能求助于对人性的经验知识，在康德作说明时所举的例证中，这一点是不言而喻的。

例证（页421—423）

责任可分为两类，对自己的责任和对他人的责任，更进而分为完全责任和不完全责任。这样我们就有了四个主要**类型**的责任。康德对每一类型都给我们提出了例证，其目的是表明他的公式对四种类型都同样适用。

完全责任是在爱好兴趣之中不容例外的责任。康德举出禁止自杀和不许为借债而作不兑现许诺为完全责任的例子。尽管我们有强烈的爱好，但自杀也是不合法的。同样我们也不允许偿还这人的债务，而不偿还别人的债务，由于恰巧对他十分喜爱。在不完全责任那里情况就不同了。我们只是被责成去接受发展自己才能的**准则**、帮助他人的**准则**，但在某种程度上我们有权力决定，随自己的心意去发展**什么**才能、去帮助**什么人**。在这里爱好有活动**余地**。

在谈到对自身的责任时，康德设想我们的各种不同才能在生活中有着自然的功能和目标。**不妨害**这些目标是完全责任，而从积极方面去促进这些目标是不完全责任。

在对他人的责任方面，我们有一种完全责任，**不去**妨害人们在目标上所可能的系统和谐的实现；我们有一积极的、但是不完全的责任去推动这种系统和谐的实现。

这些原则所要求的条件，在一本作为《原理》的书中，理所当然地被省略了。

道德判断的规范（页423—425）

道德判断的一般规范是我们所**想望**的行为准则要能够变为普遍规律、变为自由的规律。在我们认为自己的准则为可能的、目的性的**自然**规律时，我们就会发现其中有一些不能**被认为**是这样的规律。例如，我们就难于想成自爱的规律是既可促进生命又可毁灭生命的。自爱的规律是属于自然规律的，因为它类似自我保存的情感或本能。在这种情况下，准则就和完全的或狭义的责任相对立。其他的准则，虽然不难想为自然目的规律，然而却不能一贯地欲求这些规律，所以在意愿中有不一贯、不彻底，例如一个人有着才能，但却从来不用这些才能。这样的准则就和不完全责任相违背了。

对康德论证的细节不管我们有什么想法，而他关于反对自杀的论证又特别软弱，但我们要问一问自己，在伦理学上是否必须有一个对人性的目的论观点，正如在医学上是否必须有某种对人体的目的论观点一样。我们还应该考虑一下，在康德看来道德问题不仅仅是个能够**思想**什么的问题，而且是一个能够**意愿**什么的问题。一种恶劣的**行为**，不只是理论上的矛盾，而是爱好和理性意志的冲突，而这种理性意志被设定为确实存在于我们之中的。

纯粹伦理学的需要（页425—427）

康德再一次强调以上在这一主题上的争论。

自在目的的公式（页427—429）

要以这样的方式来行动，永远不要简单地把人当作工具，而永远要当作目的，不论是对你自己还是对于他人。

这一公式提出了一切行为的第二个方面。全部有理性的行为，不但有一个原则，还必须有一个目的。目的和原则一样，可以仅是**主观的**，为一个个人任意选定的。主观目的，相对目的，一个特殊行动者所追求的目的，如我们已经看到过的那样，只不过是**假言命令**的根据。它们的价值是相对的、有条件的。如果理性也能给予我们以客观目的，这些目的在一切场合下都要为完全理性的行动者所必然寻求，它们具有绝对的、无条件的价值。它们同样也将是一个不完全的行动者所**应该**追求的目的。如若他的无理性足以使他被诱惑而偏离正道。

这样的目的不能仅只是我们行动的产物，因为，正如我们所一直看到的，只是我们行动的产物不能有无条件的、绝对的价值。它们必须是已经存在着的目的。仅是它们的存在就赋予我们以责任，竭尽全力去追求。这就是说，它们将是**定言命令**的根据，正如主观目的是假言命令的根据一样。这样的目的可以被称为自在目的，不仅是相对于个别理性动作者的目的。

唯有理性的动因，或者**人身**（Person）才能成为自在目的。因为唯有他们才能具有无条件的、绝对的价值。把他们简单地当作达到目的的工具使用是错误的，这种目的的价值只是相对的。没有自在目的也就没有无条件的善，没有行为最高原则，对于人类来说，也就没有定言命令。所以，像我们第一个公式一样，自在目的公式来自定言命令的核心本质。我们要记住一切行为不但必须有一个目的，还要有一个原则。

康德进而指出，每一个有理性的动因都必须以这样的方式，在对一切有理性动因都有效的基础上认识自身的存在。这一观点的正当性，要以他关于自由理念的阐释为基础，才得以论证，但须待以后进行。

像第一个公式一样，这一公式也定要产生特殊的定言命令，当应用到个别的人，或特殊的自然的时候。

例证（页429—430）

同样的一套例子，甚至于更清楚地证明了，应用验证定言命令所必需的、任何**验证**的目的论前提。**不把**我们自己和他人**仅仅**地用作满足我们爱好的手段，这是我们的完全责任。促进我们自身和他人的自然目的，是我们的不完全责任，但是**积极**责任，也就是说，追求自身的完善和他人的幸福，是不完全责任。

正如康德在一个段落所表示，我们所涉及的只是很一般的责任**类型**。抱怨他没有讨论处理特殊问题所必需的全部细节，是不公正的。

自律性的公式（页431）

你的行为要使自己的意志能够认为自身通过其准则同时制订普遍规律。

初看起来这一个公式似乎只是普遍规律公式的重复。不过，它却有把学说解释得更清楚的优点，按照这个学说，定言命令不但命令我们遵循普遍规律，并且遵循一个我们作为理性动因自身所制订的普遍规律，这一个规律我们自身通过我们的准则而加以特殊化。在康德看来，这是道德最高原则头等重要的公式，因为它直接引向自由理念。我们服从道德规律，因为它是我们作为理性动因的本性的必然表现。

自律公式，虽然论证表述含糊，却是普遍规律和自在目的规律相结合的产物。我们不但看到，我们被强制去服从具有普遍性的规律，它对一切理性动因都是客观有效的。我们还看到理性动因作为主体就是定言命令的**根据**。如果事情是这样的话，那么我们被迫去服从的规律，必定是我们自身意志的产物，因为我们是理性动因。这也就是说，它以一切理性存在的意志的理念为根据，这意志就是制订普遍规律的意志。

康德在后来把自己的观点说得更简单，在他说到理性存在时说，恰恰是由于他的准则适合于成为普遍规律，这就清楚地显示出他是自在的目的。如果理性存在真是自在目的，他就必定是自己被迫服从规律的制订者。正是在这一点上，他有了自己的最高价值。

兴趣，关切（interest）的排除（页431—433）

定言命令排除兴趣。它只简单地说："我应该这样做，"而不说："**假如**我凑巧需要那东西，我就应该这样做。"这个观点已经包含在前面的公式之中了，因为事实上，它们是一些被认为是定言的，绝对的命令。这一点自律公式说得更清楚了。一个意志因为某种兴趣或关切而服从规律，正如我们在假言命令中所看到的那样。一个不因任何兴趣而服从规律的意志，只能服从他自身所制订的规律。只有我们认识到，意志制订自身的规律，我们才能理解命令式是怎样排除兴趣而成为定言的。自律公式的最大优点就在于，由于公开表明理性意志制订了它被迫服从的规律，定言命令的本质特点才第一次被充分说清楚了。所以，自律公式直接出于定言命令自身的特性。

企图用任何一种兴趣或关切来解释道德责任的哲学都把定言命令弄得不可理解，并且彻底否定了道德。它们可以说是都提倡**他律论**，它们说，只受来自某种对象，或来自意志自身以外目的的规律约束。像这样的学说只能产生假言命令和非道德的命令。

目的王国的公式（页433—435）

你要如此行动，仿佛你是目的王国中通过自己的准则而制定规律（法律）的一个成员。

这一公式直接来自自律公式。就理性动因都服从自身所制定的普遍规律，或法律（Law）而言，他们组成了一个王国。这就是说，一个国家，或一个共同体。由于规律、法律命令他们相互对待如自在目的，这样组成的王国是一个目的王国。这些目的，不但包括作为自在目的的人身，也包括着个人的目的，这些目的都必须是与普遍规律相一致。目的王国概念和最后一章中理智世界的理念相关联着的。

我们必须把这一王国的一般成员，他们都是些有限的理性动因，和它的最高领袖，一个无限的理性动因相区别。作为这一王国的立法成员，理性动因具有"尊严"，也就是说，具有一种内在的、无条件的、无与伦比的价值。

德性的尊严（页435—436）

一个可以被代替或具有等价物的东西有**价格**，如果它找不到等价物，那就是具有**尊严**。

唯有道德是尊严的，人性就其有道德而言也是尊严的。在这方面，它是不能和有经济价值、市场价格的东西相比较，甚至于也不能和有美学价值、想象价格的东西相比较。一个善良人的不可比拟的价值，是由于他是目的王国的一个立法成员。

各种公式的复习（页436—437）

在最后的复习中只提到了三个公式：（1）自然规律的公式，（2）自在目的的公式，（3）目的王国的公式。第一个公式，被认为是和道德准则的形式相联系，即和它的普遍性相联系。第二个公式和道德准则的质料相联系，即和它的目的性相联系。第三个公式则既和形式相联系，也和质料相联系。不过，除此之外，也提到了普遍规律被用来作为严格检验的试金石，也许它主要地涉及道德行为的动机。其他公式的目的为的是使责任观念与直观或想象更接近。

对目的王国的公式又提出了个新的表述。**"在我们自身法律制定中所产生的准则都应该和目的王国相协调，正如自然王国一样。"** 在以前没有提到自然王国，它和目的王国的关系，似乎是与自然的普遍规律和自由的普遍规律的关系一样。在康德认为自然提供了一个对道德的类比的时候，就很清楚自然被看作是目的性的了。

在这里，自律性公式和目的王国的公式融合在一起了。

全部论证的复习（页437—440）

在最后的复习中，他把从头到尾的全部论证加以概述，从善良意志概念到德性尊严概念，以及作为有德性人的尊严。从一个公式到另一公式的过渡被简化，并在方式上有所改进。而对自然王国的说明上，有了很可注意的补充。只有**一切**人都服从定言命令，目的王国才能实现，不过仅是这样还不够，如果没有自然本身和我们的道德奋斗**合作**，这一目的是永远达不到的。我们既没法保证别人的合作，也没法保证自然的合作。尽管如此，那责成我们要像一个目的王国立法成员那样行动的命令，仍然保持为定言的、绝对的、无条件的。不管我们是否能达到目的，我们还是应该追求这一理想。对道德理想的这种无私的追求，直接地就是人的尊严的源泉，也是评价他的标准。

意志的自律（页440）

通过论证分析，我们已经指出，意志的自律原则，从而也包括与这种自律性相符的、发自定言命令的行为，是道德判断有效性的必然条件。不过，如若想要建立自律原则的有效性，我们还必须从我们对道德行为的判断过渡到纯粹实践理性的批判。

意志的他律性（页441）

任何一种道德哲学拒绝自律原则，就必定要躺倒在他律原则上。那么规律主宰人的行为，就不是以意志自身为依据，而是以意志以外的对象为依据。这样的观点只能生出假言命令，而非道德的命令。

他律原则的分类（页441）

他律原则分为两类，或者是**经验的**，或者是**理性的**。经验的他律原则所追求的永远是**幸福**。它们当中的一部分所根据的可能是对快乐和痛苦的自然情感。而另外一部分所根据的则是一种设想出来的道德感。理性的他律原则永远是以追求**完善**为原则，或者是以我们自身意志所达到的完善，或者被设定为已经存在于把某种事业加于我们意志的神的意志之中的完善。

他律的经验原则（页442—443）

一切经验原则都以感觉为依据而缺乏普遍性，所以没有资格作道德规律的基础。而追求个人幸福原则尤其令人生厌。我们有权利，以至于有间接责任去追求自己的幸福，只要它和道德规律不相抵触。然而幸福是一件事情，善良却是另一件事情。把两者混为一谈，就是抹杀德性和卑劣之间所特有的界限。

道德感学说至少有一个优点，那就是在德性中去寻求直接的满足，而不只是在其似乎是快乐的后果中去寻求满足。康德一直承认道德感的实在性，不过他坚持道德感必须来自我们对规律的认识。它自己并不能向我们提供什么一贯的标准，更不能为他人立法。关于道德感的学说，归根到底，和把快乐与幸福当作唯一善的学说同属于一类，因为它同样在某种特殊情感的满足中寻求善。

他律的理性原则（页443）

他律的理性原则，把完善看作是我们所达到的目的，在所提出的道德他律原则中是最好的，因为它至少把理性当作是决定因素。然而，由于它仅仅是命令我们以适应于我们的最高实在为目的，那么它就完全是暧昧的了。倘若它包括了道德完善，很显然就是循环论证。康德本人认为，道德规律命令我们培养自己的自然完善，锻炼我们的才能；培养自己的道德完善，为责任而尽其责任。他所反对的是这样的观点，我们为了实现自己的完善而服从道德规律。

有道德就是去服从神的完全意志的神学原则必须彻底否定。如果我们认为神是善良的，这只能是因为我们已经知道了道德上的善良是什么，我们的理论是恶性循环。在另一方面，如果我们把善良排除于神圣意志之外，只把神看作是无所不能的，我们就把道德建立在对随心所欲、不可抗拒的意志的恐惧的基础上。这样一种道德体系，是和道德直接相对立的。虽然按康德的观点，道德一定导致宗教，但却不能从宗教引申出来。

他律性的失败（页443—444）

所有这些学说，都设定道德规律不出于意志自身，而出于意志的某一对象。由于它们因此成为他律的，它们就不能给予我们以道德和定言命令，并且必须认为，道德上善良的行为，它所以是善良并不在于它自身，而只不过是达到预期效果的手段。这样它们破坏了对道德行为的全部**直接**兴趣，它们把人置于自然规律之下，而不是置于自由规律之下。

论证的地位（页444—445）

康德所想要做的事情，只不过通过分析论证来证明自律原则是我们全部道德判断所必不可少的条件。如果有道德这样东西存在，如果我们的道德判断不是虚构的，那么就必须接受自律原则。很多思想家可能认为这是对原则的充足证明，但在康德看来这种论证不是证明。他甚至没有肯定这原则的真理性，更不自以为有能力去证明这真理。

自律原则和相应的定言命令是两个先天综合判断。它们肯定理性动因，如果能充分地主宰激情，必然要把行为建立在自身就是普遍立法者的准则之上。并且他应该这样做，如若他的非理性足以被引诱离开正道的话。这样的命题，要求纯粹实践理性的综合应用，然而除非批判了理性自身的这种能力，我们就不敢冒险这样做。

第三章　实践理性批判概要

自由和自律（页446—447）

在我们考察意志或实践理性的时候，我们可以把它定义为一种因果性，或作为原因活动的能力，只有具有理性的生物才有这种能力。说这样一种意志是**自由**的，就是说它能够作原因活动而**不须**自身以外的东西作为原因才这样做。没有理性的东西只有在自身以外某种东西作为原因的时候，才能作原因的活动。这就是自然**必然性**的意义以及它和自由的对立。如果一个球在球台上成为另一球活动的原因，它自身只是由于以其他某种事物为原因而活动。

到此为止，我们对自由的描述都是消极的。但是一个无法无天的自由意志是自相矛盾的，我们必须使我们的描述成为积极的，说自由要服从规律、法律，然而这些规律不是某种外在的东西所强加的。因为，如果规律是外在强加的那就只是自然的必然规律。如若自由规律是不能异己强加的，假如我们用这样的说法，那么它们必定是自身强加的。这也就是说，自由将和自律等同。既然自律是一个道德规律，自由意志将是一个从属于道德规律的意志。

如果我们能够把自由、自律，从而把道德作为前提，那么随之而来的只能是对自由概念的分析。不过，像我们已经看到的那样，自律原则是先天综合判断，从而只能用第三项来把主语和谓语连接起来才能予以确证。自由的积极概念向我们提供这个第三项，指导我们走向这个第三项。不过我们要指出这个第三项是什么，还需进一步的准备，才能从纯粹实践理性概念中推论出自由来。

作为必然前提的自由（页447—448）

如果道德来自自由，如果，像我们已经指出的那样，道德必须对一切有理的东西作为有理性东西有效，看起来我们已经证明了有理性东西自身的意志是必然自由的。只是人类活动的经验是决不能证明这一点，从哲学的观点看来，这是完全不能够证明的。然而，为了行动目的，我们能够指出，一个有理性的东西，只有以自由为**前提**才能行动，也就足够了。因为，如若事实是这样，与自由紧密相联的道德规律对他也是有效的，正如他被**承认**是自由的一样。

理性自身在它既是积极自由又是消极自由的前提下，必然地起着作用。它的前提必定是，一则不为外在的影响所规定，二则它是自身原则的泉源。如若一个主体认为他的判断不为理性原则所规定，而被外在冲动所规定，他就不能承认这些判断是自己的。这个道理对实践理性同样适用，一个理性动因必须认定自己是有能力按自己的理性原则而行动，而只有这样才能认定他的意志是他自己的。这也就是说，从实践理性的观点看来，每个理性动因都必须设定他的意志是自由的。自由是一切行为和思想的必然前提。

道德的关切和恶性循环（页448—450）

前面我们论证了理性存在的行动必以自身自由为前提，而从这里必然得出自律原则及相应的定言命令的结论。以这样的方式，我们至少以前所未有的方式，更确切地阐明了道德原则。然而为什么我作为理性东西自身从属于这一原则，而其他理性东西也不例外呢？为什么我把这样最高的价值给予道德行为，并在这里感到了人身的价值，与此相比无论什么样的快乐都微不足道呢？为什么我对道德高尚就其为道德高尚发生兴趣呢？对于这些困难问题，我们能作出具有说服力的回答吗？

毫无疑问，事实上我们确乎对道德高尚感到关切或兴趣，但这种兴趣的产生，由于我们认为道德规律是强制的。虽然直到如今我们还看不出为什么道德规律能够是强制的。我们似乎已经陷入了一个恶性循环之中。我们论证了我们必须设定自己是自由的，因为我们服从道德规律，然后又论证，我们必须服从道德规律，由于我们已经设定自己是自由的。这样做远不能向我们证明道德规律的理由。

双重立场（页450—453）

为了摆脱这种恶性循环，我们须得询问自己，我们是否能有两种不同的立场，或不同的观点来观察我们的行为。我们能够有一个立场把自己的行为认作是自由的，而又有另一个立场把自己的行为认作是人所共见的事件吗？

双重立场的学说，是康德批判哲学的本质部分，直到现在还没加以正式探讨。在讨论这一专题的时候，他面对着一个困难，他不能预设《纯粹理性批判》的那些琐细的论证都为读者所熟悉，同时他又不能在一本简短的伦理学论著中把这些琐细论证再加重复。所以他只能依赖于某种基本的论点，虽就它们自身而言并不很有说服力。

一切我们由感性获得的观念是不需我们自身的意志。我们认为自己的这些观念来自对象。不过从这样所得来的观念，我们只能知道作用于我们的对象，至于对象自身是什么样子，我们是不知道的。这样产生了显示于我们的事物和事物自身之间的区别，这也就是在**现象**和**自在之物**之间的区别。我们所知道的只是现象，而在现象背后，我们必须设定有自在之物。虽然这些东西作为自在之物永远不为我们所知，我们所知道的，只是它们对我们的作用。这里我们找到一个大致的区别，一个是**感性**世界，一个被给予感性至少是通过感性的世界，另一个是

理智世界，这个世界我们能够设想，但永远不能知悉，因为全部人类知识需要感觉和设想相结合。

这一区别也应用于人们对自己的知识。通过内省，人们只知道自己是现象，在现象背后，他们又必须设想有一个自在的自我。就人们通过内感官被感知而言，就他们能被动地接受感觉而言，他们确实必须认为自身属于感性世界。然而，就他们能在感觉之外纯粹行动而言，他们又确实必须认为自己属于"意会"世界。这个世界由于它是理智的所以是意会的，然而关于这个世界更深层部分我们什么也不知道。

人们自身在感觉之外实际上有着纯粹行动。在他们身上有一种理性的力量。值得注意的是，康德像以前一样，首先提出的是理论理性，虽然现在以他自己所特有的批判意义来看待理性。我们的知性具有自发力量，它伴随着其他因素，从它自身产生出了这样一些概念，或**范畴**，例如原因和结果，使用这些概念，把感觉观念，统之于法则。知性自身虽然具有真正的能动性，它还要依赖感性，离开了感性，它就完全无法思想了。"理性"，在此之外，是一种**理念**的力量，也就是说，它产生无条件的概念，它们完全不须感觉，也不给感觉以例子。和知性不同，理性表现了纯粹的能动性，完全独立于感觉。

由于这样的能动性，人们必须想象自身作为理智而属于意会世界，而服从仅以理性为根据的规律。就他们为感性的而言，人们通过内感官而知道自身，认为自身属于感性世界，服从自然规律。这就是有限的理性东西由之观察自身的双重立场。

这一学说也同样适用于纯粹实践理性。从一个立场出发，有限理性东西的人，必须设想自身属于意会世界，设想他的意志超乎感性原因的规定，只服从以理性为根据的规律。这样说，也就意味着，除了自由之外他永远不可设想自己意志的因果行动。他作为一个理性存在必须只在自由前提下行动。如我们已经看到，自律原则和定言命令就是由此引申出来的。

我们所担心的恶性循环现在被摆脱了。从理性动因的立场，设想自身为自由的，为意会世界的一个成员。人们必须承认自律原则。当他们把自己想作既是意会世界又是感性世界成员的时候，就一定看得出自律原则就是定言命令。

所有这一切，康德没有完全说清楚，他到底是从意会世界的成员身份推论到自由呢，还是反过来从自由理念推论到意会世界的成员身份。可以推测，我们设想自身行动的自由，从而设想自身为意会世界成员，仅仅是因为我们已经认识到自律原则和定言命令。这看来确乎是康德自己在《实践理性批判》中的观点。不过他对纯粹理论理性和纯粹实践理性所作的比较是十分有趣的。我们必须记住正如纯粹理论理性设想到那些无条件的理念，纯粹实践理性也力求在行动中实现无条件规律的理念。

定言命令如何可能？（页453—455）

作为有限的理性动因，人们必须从双重立场来观察自己。第一，作为理智世界的一个成员，第二，作为感性世界的一个成员。如果我们完全是理智世界的一个成员，我们的全部行动都要必然地与自律原则相一致。如果我们完全是感性世界的一部分，我们的全部行动必然完全服从自然规律。在这一点上不幸的是，我们碰到了一个新的论证，在表述上很模糊，并且难于解释。**理智世界包含着感性世界及其规律的基础**。康德从这样一个本身需要大大补充的前提，似乎推论出，制约着我们作为理智世界成员的意志的规律，也应该制约着我们的意志，虽然在事实上从另一观点看来，又将是感性世界的成员。

这像是一个形而上学的论证，来自理智世界的、也是理性意志的最高实在，然而这样的解释似乎为康德所直接否认。定言的"我应该"如我们所知，是一个先天综合判断，连结这个"应该"和像我这样一个不完全理性动因的意志的第三项是同一意志的**理念**，不过被看作是属于理智世界的纯粹意志。这个**理念**很显然就是第三项，本章第一部的末尾曾告诉我们，自由引导着我们走向这一理念。它当然可被描述为比自由更为严格的理念，也就是说，自由意志的理念。这一理念的功能大体上相当于范畴在先天综合命题中的功能，这样的命题在我们的自然经验中是必要的。

这一学说以我们日常的道德意识为依据，这种道德意识甚至连恶劣的人也不例外。对一个理智世

界的成员一个人的道德"我应该",实际上我就是
"我意愿"。只有当他认为自己也是感性世界的一个
成员的时候,"我意愿"才被设想为"我应该",他
也就受到感性欲念的干扰。

自由和必然的二律背反(页455—456)

康德的论证鲜明地提出了自由和必然问题。这
一问题构成了康德所谓的"二律背反"。也就是说,
我们面对着两个互不相容的命题,其中每一个都表
现为由无可反驳的论证所得出的必然结论。

自由的概念是一个理性理念,没有它道德判断
也就无法存在了,正如自然的必然性,或自然的因
果性,是一个知性范畴,没有它也就不能有自然的
知识。然而这两个概念很显然是互不相容的。从第
一个概念看来,我们的行为必定是自由的。从第二
个概念看来,我们的行为,作为已知自然世界的事
件,必定为因果规律所制约。理性必须证明在两个
概念之间并没有真正的冲突,若不然就站在自然必
然一边放弃自由,这样至少有一个优点,那就是为
经验所证实。

双重立场（页456—458）

倘若我们认为自己在同一意义和同一关系之下既是自由的，又是被规定的，那么这样的矛盾就不可解决了。我们必须指出，矛盾之所以产生，由于我们从不同意义和不同的关系来看待自己，从这样双重立场这矛盾的双方，不但能够而且必定要同时存在于同一主体之中。思辨哲学有不可推卸的责任，来担起这一事业，以免实践或道德哲学在外来攻击中被摧毁。

问题的双重立场是我们已经碰到过的立场。人们必须用不同的观点来考察自己，或者把自己当作理智世界的一个成员，或者当作自然的一部分。一旦我们把握了，矛盾就会消失。作为理智世界的一个成员，人们当然可以认为自己是自由的，作为感性世界的一部分，人们当然要认自身为被规定的。同样，设定为感性世界的**现象**，一个人必须服从，在他作为自在物时不适用于他的规律，这样并不存在任何矛盾。所以，人们认为自己对于他们的欲求和爱好并不负责。人们难辞其咎的是放任它们，让它们败坏道德规律。

在这一段里，康德说，似乎我们**知道**理智世界是由理性主宰。但他对于这样不严谨的说法，立刻予以限制。

对意会世界没有知识（页458—459）

在对理智世界这样的设想（conceiving）中，并且要如此**思想（thingking）自身**进入意会世界，实践理性并没逾越自己的界限。倘若它要求知道（to know）意会世界，并且从而**直观（intuit）自身**进入意会世界，那么就逾越自己的界限了，因为人类的知识既需要感性直观，也要求概念。我们对意会世界的思想是消极的，这就是说，这种思想，只是对一个**不能**通过感觉而被知世界的思想。不过，它不但使我们能够想象意志是消极的、不受感性原因所规定的自由；并且设想它是积极的、按自身自律原则活动的自由。如果没有意会世界的概念，我们就要认为我们的意志全都是被感性原因所规定的。由此可见，这一概念，或者这一观点，是必要的，倘若我们想把自己的意志当作合乎理性

的，从而是自由的。理所当然，当我们思想自己是
在意会世界中的时候，由此我们的思想就带有不同
于感性世界的规律和秩序的理念。对我们来说，必
须把意会世界设想为理性存在作为自在之物的全
体。而这并不是想要对意会世界有知识，而仅仅是
要求去设想它和道德的形式条件和自律原则，是相
容的。

对自由没有解释（页458—459）

如果理性不自量力要去解释自由何以可能，或
者换句话说，去解释纯粹理性怎能成为实践理性，
那么它就要整个地逾越了自己的界限。

我们所能解释的东西只能是经验的对象。去解
释经验对象只是把它们放在自然规律之下，放在因
果规律之下。而自由只不过是个理念，它不能向我
们提供可被经验所知，可置于因果律之下的凡例。
很显然，我们不能用指明其原因的办法来解释自
由。用这种办法我们对它什么也不能解释。我们所
能做的只是**捍卫**自由，使它不受那些自称知道自由
不可能的人的攻击。这些人把自然规律应用在他们

认为现象的人身上，称自由不可能，是理所当然，恰如其分的。但当他们被要求设定人为理智自身时，也就是为自在之物时，他们仍然把人看作是现象。坚持从一个观点来看待人，当然不会承认有这种可能性，把人既看作是自由的又是被规定的。然而，这种表面上的矛盾也就消失了，如果他们愿意思考一下，自在之物作为根据必定居于现象之后，主宰自在之物的规律，没有必要和主宰现象的规律相同。

对道德兴趣没有解释（页459—461）

我们说，不能解释自由何以可能，也就是说不能解释何以可能对道德规律发生兴趣。

唯有通过情感和理性的结合才能产生兴趣，唯有在被理性设想的时候感性冲动才变成兴趣，由此可见，只有在同时是感性的有限理性动因身上才能发现兴趣。兴趣可以被看作是人类行为的动机，但是我们必须记得有两种不同的兴趣。当兴趣以由某种经验对象所激起的情感和欲望为基础的时候，我们可以说有一种间接的或感受的兴趣，去获得相应对象而行动。当兴趣是由道德规律所引发的时候，我们可以说对意愿按这理念而行动有直接的或实践的兴趣。

对道德行为所发生的兴趣的基础，我们称之为"道德情感"。这种情感来自认识道德规律强制性，而不像所常说的那样，是道德判断的准绳。

这就是说，纯粹理性通过它的道德规律理念，必定是被看作道德行为感性动机的、道德情感的原因。我们在这里有一种特殊的原因，理念自身的原因，永远不可能先天地知道什么样的原因产生出什么样的结果。我们必须借助于经验，才能确定任何结果的原因。然而，经验只能发现两个经验对象之间的因果关系。在现在的情况下，原因并不是个经验的对象，相反，而仅是一个不可能有任何经验对象的理念。所以，道德兴趣是无法解释的。也就是说，无法解释，为什么我们对自己的准则作为规律的普遍性发生了兴趣。附带地说，这一学说并非自身前后一贯，在《实践理性批判》里采取了不同的观点。

真正重要的一点是，道德规律不只是由于引起我们的兴趣才有效。恰恰相反，由于我们认识到它的有效才引起我们的兴趣。

康德用这样的说法得出结论，道德规律的有效性，由于它来自我们作为理智自身的意志，来自我们的自我本身。**而仅仅属于现象的东西必然要被理性系属于自在之物的属性之下。**

这看来是对道德的一种形而上学论证。这种论证以意会世界的最高实在，也就是理性意志的最高实在为基础。这种类型的论证，在"**定言命令如何可能**"那一节中似乎也作过提示，但直接地被否定了。主要之点是，与其说康德形而上学以他的伦理学为基础，不如反过来说，他的伦理学以他的形而上学为基础。

论证的一般复习（页461—462）

现在让我们回到我们的主要问题，定言命令是如何可能的？就我们所指出的，我们已经回答了这个问题，只有在自由的前提下定言命令才有可能，而这一前提又为理性动因自身所必需。从这一前提推论出自律原则，同时又推论出定言命令。这对行为目标是充分的，足以说服我们去承认定言命令作为行动原则的有效性了。我们也指出了，以自由为前提不但与自然世界中无处不在的必然性不相冲突，并且对于一个理性动因意识到具有理性，意愿把这一前提当作他全部行为的条件，是客观必需的。然而，我们不能解释自由何以可能，纯粹理性为何就其自身是实践的，何以我们会对作为普遍规律的准则的单纯有效性发生道德兴趣。

我们解释事物，就是去指出它们是某些原因的结果，而这样的解释在这里被排除了。康德审慎地主张，不可能把意会世界当作所需解释的基础。他经常被指责恰恰是这样做，所以在这里有必要对他的论述密切注意。我有一个对意会世界必需的理念，不过它仅仅是一个理念，我对这个世界不能有任何知识，因我没有，也不能有对这个世界的**认识**，因为我通过直观与它相接触。我对这个世界的理念，仅仅表示它与我们的感觉是不相接触的。它是在感性世界之外"更多一点的东西"。倘若我们不能设想这"更多一点的东西"，我们就要说一切行为都受感性动机所决定了。就是对设想意会世界的理念或理想的**纯粹理性**，我们仍然只有一个**理念**，尽管它也设想自身为这样世界的一个成员。我们只对它的形式有一个概念，对自律原则有一个概念，同时对它有一个相应的概念完全在形式上作为行为的原因。在这里一切感性动机都被清除，唯有理念自身才成为道德行为的动机。但把这一点先天地使人明白，是我们力所不及的。

道德研究的极限（页462—463）

以这种意会世界的理念为标志，我们达到了一切道德研究的极限，这个世界是与感性世界不同的某种更多的东西。然而，确定这样一个界限，在实践上极端重要。除非我们看到感性世界并不是全部实在，理性总难避免设法去发现感性兴趣作为道德的基础，这一做法对道德生活本身是致命的。除非我们看到对在感性世界之外那个"更多点的某种东西"不可能有知识，理性将难免在一个玄虚的空间里无益地遨游。这就是它所知其为"意会世界"的超感性概念的空间。这样，它就不致迷失在主观自生的幻景中。经验论的理论和神秘主义的理论一样，在道德上只有我们确定了研究的界限才可摆脱。

当我们达到感性世界的界限时虽然全部**知识**都到底了，作为全部理智整体的意会世界理念可以作为目标而服务于理性**信念**，并且通过目的普遍王国的光辉理想可以激起对道德规律的生动兴趣。

结束语（页463）

在结束语里，康德指出了在他自己的专门意义下，"理性"的某些特征。理性不以偶然为满足，它不断地寻求必然的知识。然而，只有在找到了知识的条件的时候，它才能把握必然。除非条件本身就是必然的，理性就得不到满足，所以它就必须去追求条件的条件如此等等，以至无穷。所以，必须设想条件**全体**的理念，一个全体，如果是全体的话，就不能有进一步的条件了，因此，凡是必然的东西必定是**无条件的必然**。这样对无条件必然的理念，却不能给我们以知识，因为它没有相应的感性对象。

我们已经看到，纯粹实践理性同样也必须设想一个无条件必然的行为规律，对于不完全的理性动因来说，就是定言命令。只有在发现它的条件，我们才能理解一种必然性，一个无条件的必然性，必定是不可理解的。所以，康德完全没有必要以一种似是而非的外貌作出结论，说定言命令的无条件必然性是不可理解的，而我们所理解的只是它的不可理解性。

这全部论证的实际意义乃是，问我们为什么实行责任是荒唐的；也不能问，为什么要服从定言命令；同样不能把为了某件事情我们才这样做作为回答，为使我们在这一世界或另一世界得到兴趣或满足。如若这样的回答能成立，那么就没有定言命令，责任只不过是幻觉。

译者后记

康德的著名著作 *Grundlegung zur Metaphysik der Sitten* 于 1785 年出版，迄今已整整两百年了。它被认为是"一本真正伟大的小书，它对人类思想所发生的影响，和它的篇幅是远不成比例的"（H.J. 帕通）。在汉语的哲学文献中，它也是属于极少数有一个以上译本的外国哲学著作。早在 30 年代，唐钺先生就根据 T.K. 阿博特（Abbott）的英文译本 *Fundamental Principles of the Metaphysic of Ethics*（1911）译出来，定名为：《道德形上学探本》。1957 年以后经修改，仍以原名再版，一直被阅读着、引用着。但是，现在我们还看到了在台湾出版的牟宗三教授的译本，定名为：《道德底形上学之基本原则》，收于《康德的道德哲学》（台湾学生书店1982年版）一书中。他的译文仍然以阿博特的英译为根据，不过除了阿博特的译文之外，据译者自己说还逐句地对照了在阿博特以后译出的两种英语译本，即H.J.帕通的 *Groundwork of the Metaphysic of Morals*（1948）和 L.W.拜克（Beck）的 *Foundations of the Metaphysics of Morals*（1949）。并且，在认为必要的时候，在个别的句子后，他还译出了后两种译文，作为附录，便于比较。在这两个全译本之外，北京大学哲学系外国哲学史教研室编译的，西方古典哲学原著选辑的《十八世纪末—十九世纪初德国古典哲学》（商务印书馆1975年版）根据 T.K.阿博特的译文，选译本书第一章，书名定为《道德形而上学基础》。

我们这份译文，原本是在课堂上作为教材使用的。我被要求给伦理学专业的研究生和哲学系本科的高年级生，开一个关于康德伦理学的专题课程，这一著作列为课程的基本教材。因为我们想，在这样一个课程里，不论教师关于康德能讲些什么，而最重要的是让听课的人亲自去熟悉康德本人的作品，亲自去听听康德说些什么。只有接触了原始材料，学生们才能发挥自己的主动性、创新精神，既可避免陈陈相因，又可作出自己根据确凿的、而非望文生义的判断。我们选取这一著作作为康德伦理学课程的教材，首先由于它的篇幅适当，便于精读；其次，更重要的是，在组成康德伦理学说的整体的三部著作中，这一著作占有一个特殊地位。就它和又经过了12年才出版的《道德形而上学》来说，后者是一个更为完整的体系（das System），它不仅包括一个德性论（die Tugendle-hre），同时也包括一个法权论（die Rechtslehre）。因为不论是法还是德性，都隶属于实践理性，隶属于意志，服从实践理性的规律。

法权论所讨论的是关于法的基本形而上学根据，由两部分构成：（1）私法，（2）公法。私法所讲的是对外物的占有和获得的方式；公法则包括国家法、群众法和世界公民法。德性论所讨论的是关于德性的基本形而上学依据，并进一步分为：（1）伦理要素论和（2）伦理方法论两个部分。在这之前，康德还加了一个长长的分为18节的导言。为了明了《道德形而上学》和它的根本、基础、基本原则的关系，下面让我们较详尽地看一看德性论的基本内容：

伦理要素论

第一编　对自身责任总论

第一卷　论对自身的完全责任

第一章　人对自身作为动物的责任

1. 论自我戕害

2. 论自我玷污

3. 论自我陶醉

第二章　人对自身仅作为道德物的责任

Ⅰ. 论谎言

Ⅱ. 论吝啬

Ⅲ. 论阿谀

第一节　关于人对自身，作为自身生来裁判者的责任

第二节　关于一切人对自身责任的**第一条诫律**

第二卷　论人对自身，在其目的上的不完全责任

第一节　关于在其**自然**完善增加和发展中的对自身责任

第二节　关于在其**道德**完善提高中对自身的

责任

第二编 论对他人的德性责任

第一章 关于对他人，仅作为人的责任

第一节 关于对他人的终身责任

A. 论为善的责任

B. 论感恩的责任

C. 一般说来同感就是责任

　　论在人们生活中反对人怨恨（Menschenhaß）
　　恶习的责任

第二节 关于由对他人应有**尊重**而来的德性
　　责任

　　关于与尊重他人的责任相背驰的那
　　些伤人的恶习

A. 骄傲自大

B. 造谣中伤

C. 冷嘲热讽

第二章 关于由于尊重自身**处境**（Zustand）人
　　们相互之间的伦理责任

　　关于在**友谊**之中爱和尊重的最内在的
　　一致性

伦理方法论

......

从以上对德性论的章节目录很不完整的摘抄中，我们可以看出，德性论是讲各种种类的责任。这也就是说，在《道德形而上学》的德性论里，康德又回到了"通常的道德理性知识"。为了广泛流行，易于为通常理智所接受。所以，在制订自己的道德体系之前，他首先，作为一本独立的著作写出了"道德的最高原则"（der oberste Princip der Moralität）。这个最高原则和它的体系之间，在风格上形成了一个什么样的鲜明对比呵！一首仿佛是响遏行云的凯歌，它歌颂理性的强大，宣扬人格的尊严，给道德颁布普遍必然的、无条件的命令。另一个则深深地潜入日常生活的底层，进到市民心灵的隐蔽处，把它们的卑鄙和软弱无情地揭示出来。正是由于两者的相反风格，它们相辅相成构成了康德伦理学说的整体。如果没有最高原则，那么体系就成一个对现实不满的轻薄作家，对社会的黑暗、人性的软弱的悲叹；如果没有这潜入生活的深沉体系，那么最高原则就成为飘在云端，浮夸的理想，空洞的调头。可以更进一步说，康德的这个最高原则不但是他的道德学说的原则，同时也是康德整个哲学体系的最高原则。康德哲学是启蒙主义的哲学，它的目的就在于加强理性的力量，提高人格的尊严，在康德的批判之下，理性不再是世界的仆从，追随着世界万物，相反，它是世界的中心，世界的主人。什么是真，什么是美，什么是善，都须由它裁决而定去取。这就是所谓"哥白尼式的革命"的实质。这一原则，正是本书从逻辑上论证了，以公式的形式固定下来的。康德的体系，犹如辰宿列张的星空，既幽远而又深沉。它鼓舞勇敢精神去无止境地开拓、探索，也抚慰着那些在人生途程中长期跋涉，饱经风霜倦旅的心灵。

至于，这一最高原则和实践理性批判的关系，本书自身开宗明义就讲得很清楚。如果人们想要知道，也不难自己把两种著作取来加以比较。如果我们上面说，德性论回到了通常的道德理性知识，是本书第一章的修订和扩充；我们现在也许也可以说，《实践理性批判》(1787) 不过是本书第二章和第三章的发挥和补充。通过《实践理性批判》，我们确定了伦理学说在康德批判哲学中的地位，看到从最高原则发挥出来的理论系列。但通过本书我们可以看到，《实践理性批判》中那些更为绵密，更多装点的理论的最初形态和原本意义。例如在《实践理性批判》里公设有三个，灵魂不死、意志自由和上帝实在，在《原理》却把自由当作道德的唯一前提，何轻何重，何主何从，其中信息不是不言自明吗？

我们的译文根据普鲁士皇家科学院所编的9卷本《康德文集》，通称科学院版《康德文集》(*Kants Werke, Akademic-Textausgabe*) 第4卷第385—464页，保罗·门采尔（Paul Menzer）所编的 *Grundlegung zur Metaphysik der Sitten* 直接译出。这既然是篇独立的译文，那就应有一个区别于其他三者的不同的名称。根据康德所明白标出的，本书为道德制订最高原则的目的，我们把 Grundlegung 译作"原理"，以避书名的冗长，应用不便。为了便于使用者复勘，在书页边侧标明了原本的页码。这一版本的页码是康德文献所常用的页码，拜克的译文标的是这个页码，帕通的译文也标出了这个页码。在准备这个译稿时，我们参考现有的汉文和英文的译本，深深感谢在康德这一著作上辛勤劳动的人们，他们的劳动减轻了我们的磨难，增强了我们的信心。由于我们对前人成果利用的不充分，例如，我们既没有把他们的译文和原文对校，也未曾将不同译文逐句比照，所以，因学养绵薄，资质疏钝所造成的疵谬，伫候明教。更何况译事并非等闲，它是一种再创造。哲学专著的翻译是哲学体系的再创造，是教给外国哲学家说中国话。像这样艰难的事业，是不能由三五个人的努力，一两个世代来完成的，更何况这是教康德老人说汉语。有时候，经过苦心搜索，刻意追求，让他能得若干处准确的语言来恰当地用汉语表述自己的思想，那种高兴的心情虽不敢说发现了新星，但也足令人畅快一大阵子。然而，这种幸福时刻是难得一见的，经常却是找不到恰当的语句，贴切的词汇来用汉语表述自己的论证，因而终日惴惴，寝食难安。

　　例如，Neigung 这个词，在康德伦理学是个很关键性的概念。它和 Pflicht（duty）相对立，成为另一大类的动机。Pflicht（duty）这个词我们一概译作"责任"而不译作义务。一种行为不是出于责任，就是出于 Neigung。出之于责任的行为就不出于 Neigung。

同样，出于 Neigung 的行为也不出于责任。可见，如果能给 Neigung 找到一个恰当、贴切的汉语词汇，对我们把握康德的伦理体系，无疑是一很大功劳。就这个词的内涵来说，康德把它规定为：习惯性的感性欲望。就这词的构成来说，它源于动词 neigen，根本的意思是倾向。阿博特、帕通、拜克在这里并不费周折，在英语词汇里有 inclination 这个词，它在词构和语义上都完全和 Neigung 相当。在汉语里，不敏的我，实在搜索不出一个现成的恰当、贴切的词儿，只有遵从唐钺先生和大多数，作"爱好"。然而，心里总是不安的。因为，爱好虽然可解释为一种感性欲望，但它不能像德语的 Neigung 和英语的 inclination 和"倾向"这一事物客观性质直接联系起来，并把感性欲望派生出来。如果，爱好也涵蕴着"倾向"的意思，那是主观的，而且主要是指动词"**好**"字。古语说："上有**好**者，下有甚焉。"但在现代汉语里，至少在哲学词汇里，人们避免把孤立的汉字当作词来用。这就是为什么"宇宙万有"的"有"字在古代语汇里和 Being，Sein 难得恰切的对应，但在现代哲学词汇中总是推不广。为了避免孤

字成辞，现在我们恰好搭配上一个爱字，把 Neigung
译作"爱好"，与责任相对立。我总觉得爱好减弱了
倾向的客观性，香港的牟宗三教授，改用"性"字
和好相搭配，造出了"性好"这样一个生疏的词，
用心是良苦的。我们热诚地期待着更多地富于创造
性、才思捷便的头脑参加这一再创体系，从事教授
域外哲人说汉语的事业。以文明古远著于世界，今
日在现代化道路上艰苦奋进的中华民族，要想以一
个善于思维，具有高度文化的民族存在下去，没有
康德、黑格尔不行，没有柏拉图、亚里士多德也是
不行的。

在这个册子里，正文之前，我们还附了一篇序
文。序文可以各式各样地写，我们这里只做了一件
事情，比较集中地阐述了康德"德性就是力量"这
个口号。这个口号，在我们看来，是康德启蒙主义
的集中表现。康德哲学，不论说它是先验唯心主义
也罢，不可知主义也罢，二元论乃至信仰主义也罢，
都可以称作持之有故。但总的说来，它却是一阕讴
歌理性力量，鼓吹人格尊严的三部曲。在康德自己
的时代里，他把人提到令人晕眩的高度。然而，在

哲学史上，这一口号似乎没弗朗西斯·培根另一类似口号那样幸运，众口相传，家喻户晓。这也许是因为康德哲学的浩瀚体系，过于博大丰厚，把自己宝藏深深埋藏着，浮光掠影不易发现的缘故罢。

最后，把 H.J. 帕通对康德的《原理》所作的论证分析，从他所译的译本（1964 年纽约版）摘译出来作为康德原文的附录。这个附录逐节地分析原文的论证，有助于理清思路，把握要点。在英语世界里帕通也算得上是一个在康德伦理学研究方面的名家了，把他的《分析》顺手译出来，附在康德的原文之后，以便原文的读者可以接触点国外有关文献，开拓些自己的眼界。

最后，把 interesse, interest 这个词说一说，也许不是多余的，因为它在这里，其含义比日常的兴趣和利益等更宽泛得多。其含义的宽泛和含糊从康德在本文里不止一次地加注释，帕通在《分析》里也专门谈到可见。教康德说汉语的同行们，为了让柯尼斯堡哲人更准确地表达自己的意思，苦心孤诣搜寻出"关切"这个词（见《实践理性批判》中文本）。这当然较兴趣和利益外延更广，含义更宽，而和其词根拉丁语 in-ter（在……之间）和 esse（是、存在）也较为贴切。但在一定语境中，并不与兴趣、利益相排斥。所以，译文以沿用关切为主，有时把其他词义用"或"附随在后，画蛇添足，实不得已也。

　　　　　　　　　　　1985 年 6 月于北京

　　　　　　　　　　　北医三院 15 病房

《道德形而上学原理》所根据原本全名

Kants Werke

Akademic-Textausgabe

Band Ⅳ

Grundlegung zur Metaphysik der Sitten

Walter de Gruyter & Co.

Berlin 1968

MINERVA

· 密涅瓦 ·